未读 ADR | 探索家

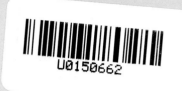

SNÄK
SNÄK

猫鼬如何订比萨

[美] 布鲁克 · 巴克（Brooke Barker）著
刘畅 译

浙江教育出版社·杭州

献给艾弗里、乔治、

哈里斯、詹姆斯和迈尔斯。

地球如此美妙——

我很高兴我们都居住在这里。

——布鲁克·巴克

你最喜欢的动物冷知识是什么？

你有没有想过，这些动物知识从何而来？大多数情况下，这些信息来自科学家，也就是那些一直在研究和保护动物，并且不断了解动物的人。

事实上，有些时候，科学家研究动物的手段，比他们的研究成果还要疯狂和奇怪。这些科学家的故事里到处都是：

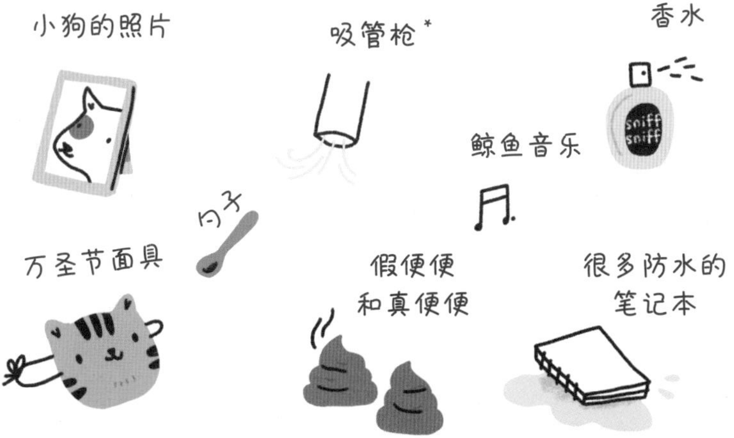

要想知道还有什么，请准备好认识几位科学家和他们整天跟踪的动物吧。

* 吸管枪靠吸力将水迅速抽入腔室，以此来捕获活的鱼类标本。

鹿
乌鸦
雀鳝
沙鸥
恐龙
海洋保育
狗
蜥蜴
会提供小吃吗？
蜂
别看我。
美洲豹
走喽！
深海贻贝
我可能是你最喜欢的动物。
南极螺

北极熊
嗅嗅
嗅嗅
日本猕猴
哈喽！
公鸡
倭黑猩猩
这里会有猫吗？
猫鼬
老鼠和袋狸
勒氏短鼻鼠
小袋鼠
鲸
啦啦啦。
大海啊！

玛尔塔·曼瑟博士
研究猫鼬。

猫鼬

猫鼬生活在非洲南部的卡拉哈里沙漠。

它们在地下洞穴里
隐蔽和睡觉。

身高 25.4—35.6 厘米
体重 0.45—2.7 千克
浑身都是毛（和沙子）

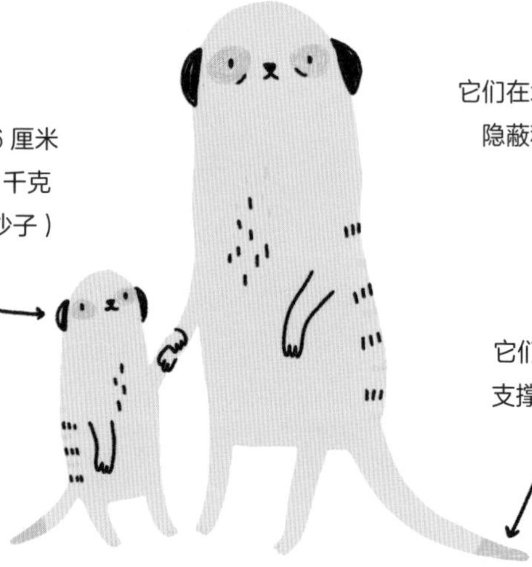

它们用尾巴
支撑着站立。

喜欢的食物

昆虫　蜘蛛　蝎子

天敌

蛇　胡狼　鸟

猫鼬每天与朋友和家人生活在一起，
每个族群最多可能有 50 只猫鼬。
沟通很重要，因为它们要齐心协力才能确保安全。

曼瑟博士决定研究猫鼬，
从而进一步了解它们之间如何沟通和相处。

她每次观察猫鼬 1 小时，把看到的一切都记下来。

她和团队成员已经观察同一个猫鼬族群长达 20 年了。

研究人员需要站得离猫鼬非常近——1—1.8 米远。
等猫鼬习惯了周围有人后，这些动物就会像科学家不存在一样表现自如。

这些是研究猫鼬的科学家上班要带的东西：

猫鼬有好多种叫声。
你刚才是在吼我吗？
曼瑟博士弄懂了其中30种叫声的意思。
没想到她刚才竟然吼他。

它们还会通过这些方式沟通：

围攻……

（把有威胁性的东西团团围住）

站岗以及

盯着有危险的地方……

还有用鼻子闻。

猫鼬们都在聊些什么呢？
研究团队发现猫鼬会“投票”：

投票箱

一群猫鼬在寻找食物时，一只猫鼬会提议让大家加快速度。
换个地方？
如果大家都不说话，那就无事发生。
但是如果其他猫鼬投票附和，那整群猫鼬都会加快脚步。
行。
当然！
对。

人类在做决定时也会这样。
咱们点比萨吗？
行。
当然！
准没错。

也许，研究猫鼬的沟通方式，能让我们更好地了解人类。

不用管我，我只是来看范·多弗博士的。

辛迪·李·范·多弗博士研究深海贻贝。

深海贻贝

生活在海平面以下约 600 米的热泉附近。

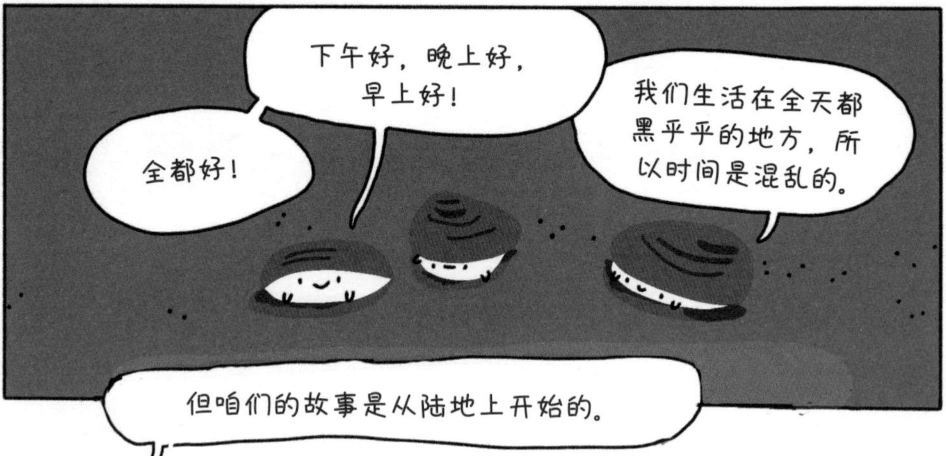

全都好！
下午好，晚上好，早上好！
我们生活在全天都黑乎乎的地方，所以时间是混乱的。
但咱们的故事是从陆地上开始的。

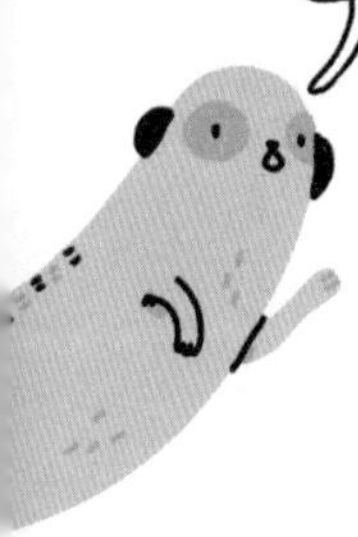

在研究深海生物之前，范·多弗博士非常喜爱普通的海洋生物。她在海边长大，每天都在研究从海里找到的各种东西。

她最喜欢的
动物是螢。

辛迪原本想成为一名宇航员，
但当她发现有海洋生物这门学科后，
她意识到自己不用离开地球也可以
去另一个世界遨游。

现在她是一名
潜艇驾驶员。

一组科学家在海上待了一个月的时间。他们离岸非常远，
潜入了海中几百至数千米深的地方。

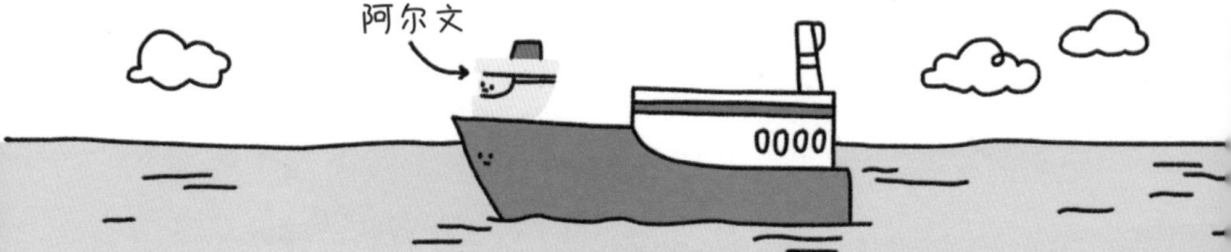
阿尔文
0000

白天，科学家们坐着“阿尔文”行进。

你要问了，什么是“阿尔文”？

来认识“阿尔文号”潜艇吧。

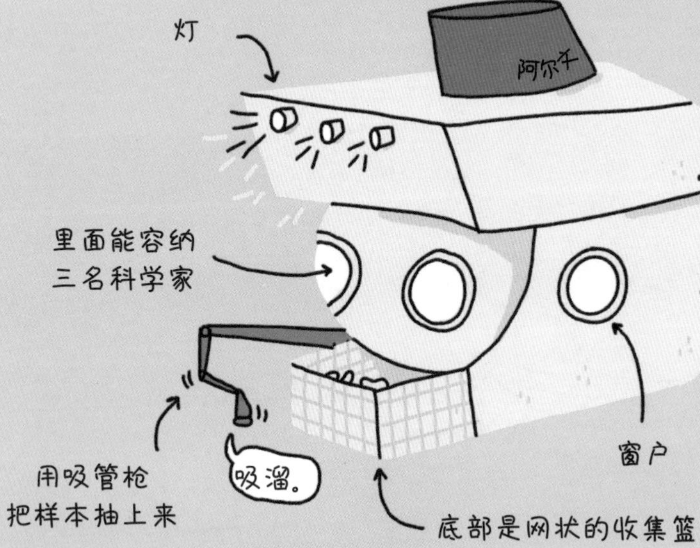
灯
阿尔文
里面能容纳
三名科学家
窗户
用吸管枪
把样本抽上来
吸溜。
底部是网状的收集篮

“阿尔文号”带着科学家前往海底。

早上 8 点，范 · 多弗博士和另外两名科学家爬进“阿尔文号”。他们把鞋子留在船上。下到海底可能要花 2 小时。窗外从蓝色变成漆黑一片。

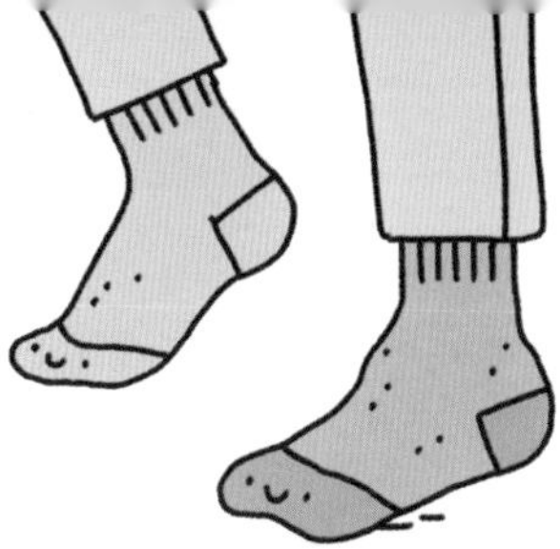

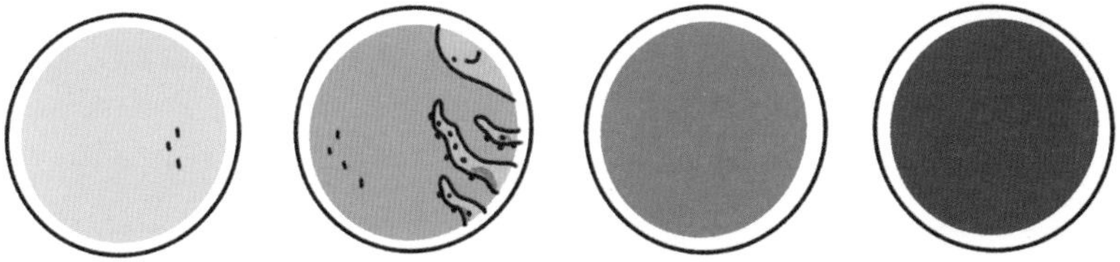

只有驾驶员能看到窗外的景色，所以另外两名科学家要从屏幕上看。

“阿尔文号”上没有厕所，所以每人有一个装尿的瓶子。

好了，
接下来
我们讲一讲

海底热泉

在深海海床上有一些小裂缝，
热水从中喷涌而出，这就是海底热泉。

沿着海床可以看到这些泉口，
这里的水富含矿物质，有助于细菌生长。

有了这些海底烟囱，管虫一类的生物就可以生长。

在没有阳光的环境下，动物可以将细菌转化为能量。蟹、鳗、虾

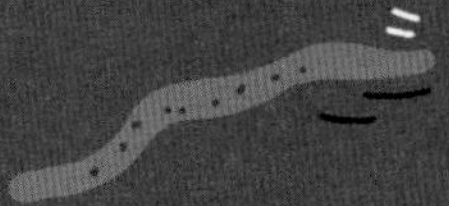

和章鱼一类的生物在此安家。

20 世纪 70 年代末，科学家首次发现海底热泉。

现在，科学家们认为木星和土星的卫星上也存在海底热泉。

尽管范·多弗博士已经下潜上百回了，
但每次下潜仍感到深海的美妙绝伦。

范·多弗博士的团队在研究贻贝和与它们生活在一起的生物，
了解其如何在深海生存。

驾驶员发现想要仔细检查的东西时，
就会用吸管枪。
好了，我决定了，我要进吸管枪。
啊，你太疯狂了！

他们小心翼翼地“捡起”生物体……
拜拜！

然后把它放进“阿尔文号”的
样本篮。

回到船上，范·多弗博士和团队成员将样本分类储存，
以便回到陆地上在实验室里继续研究。

绝大部分海洋还未被人类探索过。

有一次，在“阿尔文号”下潜途中，
范·多弗博士和其他科学家一起在海底热泉区域
发现了一个新的物种：雪人蟹。

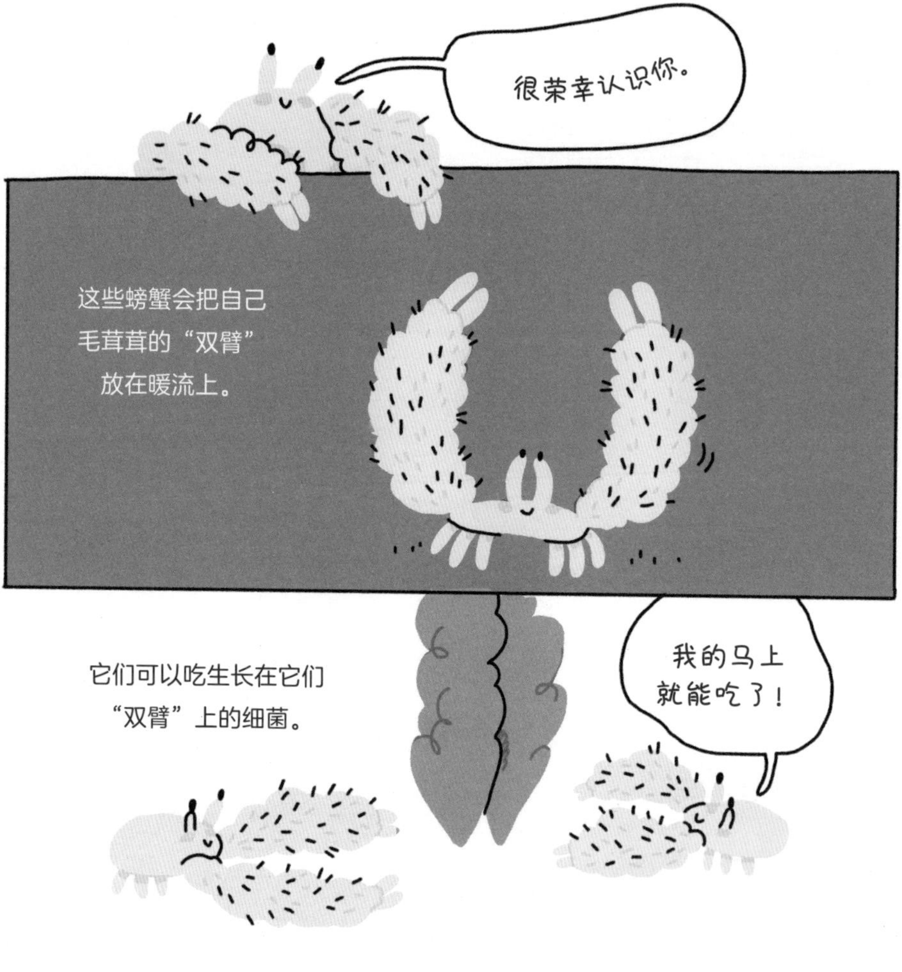

这些螃蟹会把自己
毛茸茸的“双臂”
放在暖流上。

它们可以吃生长在它们
“双臂”上的细菌。

每次下潜都有细微差别。

在海底待了 9 小时后，科学家们开始返回海面，路上可以吃点零食。

然后范·多弗博士回到她的实验室，
研究她在下潜途中找到的神秘物种。

噢不，海滨沙鸥——
这是那种有
几百颗牙齿的
鸟吗？
我觉得
不是。
呃……

科琳娜·纽瑟姆研究
麦吉利夫雷海滨沙鹀。

麦吉利夫雷海滨沙鹀

如果你能拥有一种超能力，你希望是会飞还是隐身？
嗯……可是我们本来就会飞。

- 身长 14—15 厘米
- 每年产卵 3 枚左右

喜欢的食物

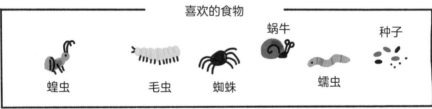

沙鹀生活在美国的佐治亚州、佛罗里达州、南卡罗来纳州和北卡罗来纳州的盐沼。它们在潮起潮落的海岸上筑巢。

但近年来气候变化导致海平面上升，这使得沙鸥难以预测潮汐涨落。

如果它们把巢筑得过高，就会被它们的天敌，比如大鸟、浣熊和蛇看到。

但如果它们把巢筑得过低，涨潮时巢就会沉没在水下。

科琳娜在统计麦吉利夫雷海滨沙鸥的鸟巢遭到天敌攻击的次数，以了解地球变化给这些鸟儿带来的影响。

为了研究沙鸥，科琳娜要在满是烂泥、又热又滑的沼泽地待许多天。每当看见雄性沙鸥在空中跳求偶舞的时候，她就知道附近有沙鸥巢。

她看到有鸟蛋的巢时，会在附近留一台照相机，或者几天之后再回来看。

看见沙鸡的巢被捕食者攻击时，科琳娜会记录下来。

基于研究结果，她会绘制一幅能够保护
麦吉利夫雷海滨沙鸡的地图。

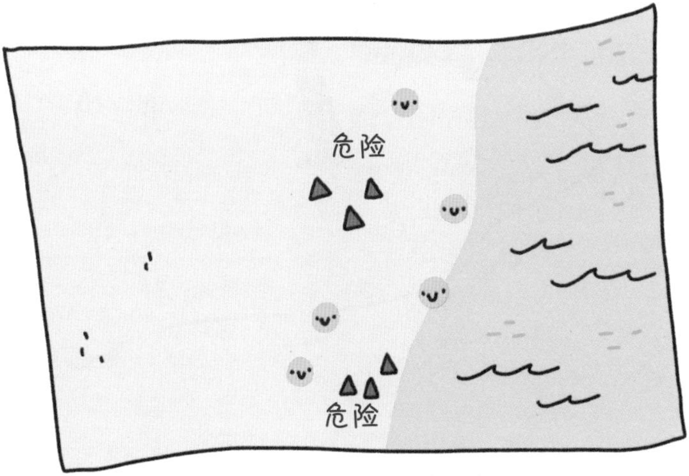

她会在地图上标出沙鸡需要帮助的区域。

每天退潮的时间只有 4 小时，所以科琳娜要在涨潮前离开，
否则潮水会把沼泽变成深泥潭。

她有几次就被困住了。

科琳娜的工具
帽子
水瓶
防水笔记本和
铅笔
墨镜
指南针
背包
用来量鸟巢
高度的卷尺
高筒雨靴

科琳娜从小就喜欢动物。
在她还没长大的时候，她最喜欢的动物是巨獭。

在大学里的一次观鸟之旅中，她第一次看见一只冠蓝鸦，于是爱上了鸟类。

研究沙鸥之余，科琳娜努力将更多人带到户外。
她希望让所有孩子了解鸟类。

她的方法之一是与佐治亚州奥杜邦协会*合作，
这是一个保护鸟类和它们的栖息地的组织。

* 奥杜邦协会是美国非营利性环保组织，以鸟类学家约翰·詹姆斯·奥杜邦的名字命名。

尽管科琳娜每天都看得到鸟儿，
鸟儿仍然会给她带来喜悦，
她也喜欢与人分享鸟类知识。

她最喜欢的鸟仍然是冠蓝鸦。

下次看到一只小鸟的时候，
看看你能否也感受到她所说的那种喜悦吧。

哇，你是对的。
这很有趣。

阿纳托利研究北极熊。

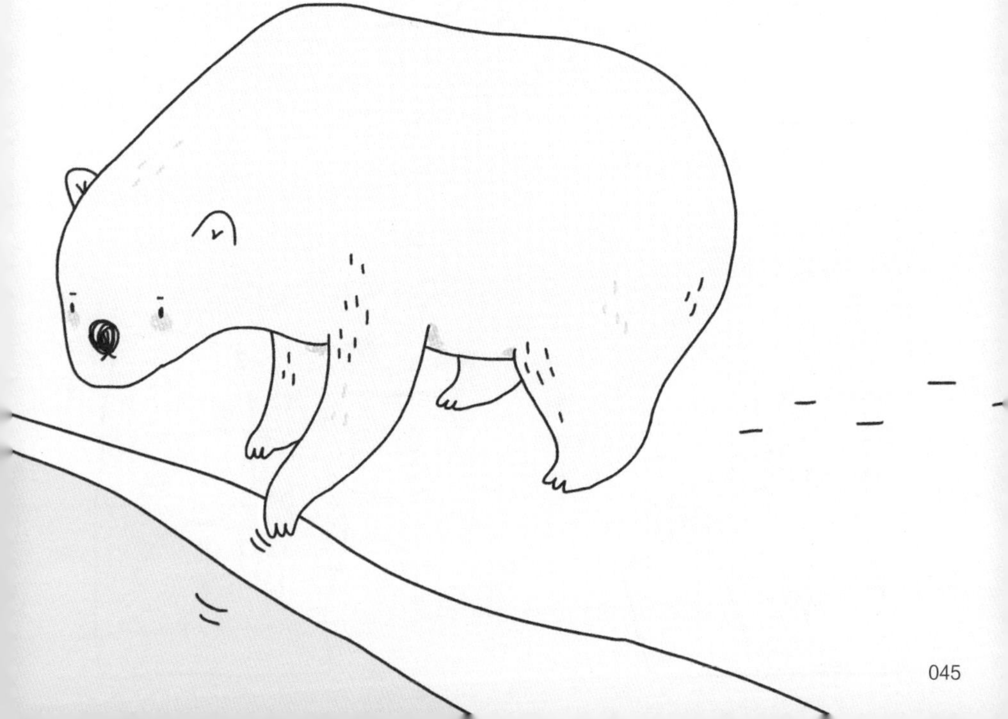

北极熊

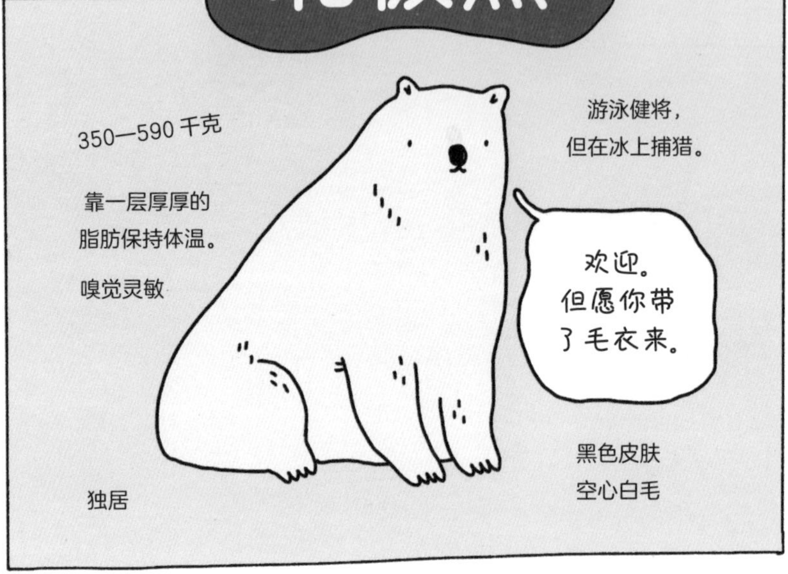
350—590 千克
靠一层厚厚的
脂肪保持体温。
嗅觉灵敏
独居
游泳健将，
但在冰上捕猎。
欢迎。
但愿你带
了毛衣来。
黑色皮肤
空心白毛

阿纳托利每年花 4 个月的时间研究不断变换栖息地的北极熊。

他用相机拍下北极熊
之前未被人知晓的习性。

看好了。

比如捉鸟。

最危险的北极熊是带着幼崽的母熊。因为幼崽会冲他走过来。

北极熊幼崽本身已经非常强壮了。但如果阿纳托利推开它们，母熊就会袭击他，母熊的一击很可能致命。

（他趁母熊没看到时把它们推开。）

所有成年北极熊通常都会与他保持距离。

阿纳托利小的时候，家里有一只抓老鼠的猫，
还有一只看门护院的狗。他很爱它们。

他想写一本关于动物的书。他非常喜欢看
动物杂志，那里面有世界各地动物的精美图片。

长大以后，他发现比起作家，
科研人员有更多机会研究动物。
所以他成了一名研究员。

在楚科奇民族自治区做研究时，他住在一间被海象包围的小屋里。

俄罗斯最北部、最荒无人烟的地方。

他先乘飞机到城里，

然后坐山地车到村子里，

再雇一个船夫带他到小屋去。

（他们需要找一个水没结冰的时间过去。）

他工作的地方——谢尔采卡缅角——是世界上最大的海象聚居地。小屋周围的海象“重峦叠嶂”。

那里有成千上万只海象。

有时候海象让温度高到甚至不需要他开暖气。

在谢尔采卡缅角的一天

阿纳托利经常在天没亮的时候起床，以便在日出之前生好炉子，烧好热水，做好早餐。

等太阳一出来，他就出去观察熊了。

北极熊在黎明和黄昏时最活跃。

每天都有可研究的课题。他要数动物的数量，
记录它们的行动，写下当天的天气，检验水质。

3—4 小时后，继续待在外面就太冷了，于是他会回到小屋。

他要修好被貂熊
弄坏的百叶窗。

他要打水，做清洁，
还要整理所有的笔记。

到了晚上，他脱掉雪
地服，打开暖气，锁
好门，拉上百叶窗，
确保晚上熊进不来。

阿纳托利会带来麦片、意面和肉罐头。

到了当地，他会买一些面粉和葵花籽油。

他用丙烷炉给自己做墨西哥薄饼。

水果和蔬菜不好携带，但到了秋天，
他有时候会看到云莓和蘑菇。

要是看到这些，他就停下来吃两口，
然后在小河里洗手。

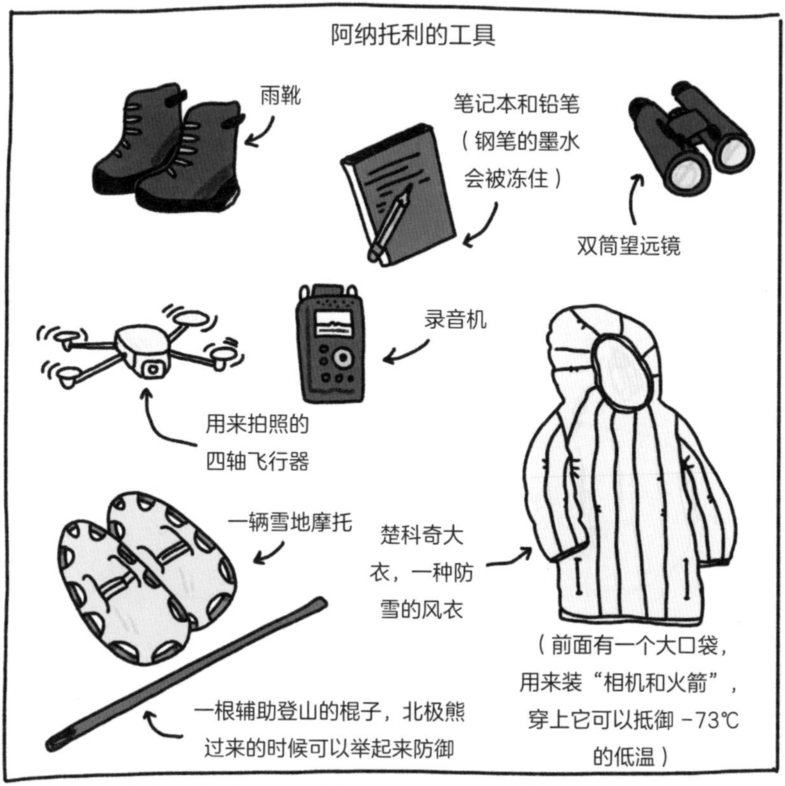
阿纳托利的工具
雨靴
笔记本和铅笔（钢笔的墨水会被冻住）
双筒望远镜
录音机
用来拍照的四轴飞行器
一辆雪地摩托
楚科奇大衣，一种防雪的风衣
（前面有一个大口袋，用来装“相机和火箭”，穿上它可以抵御 -73℃的低温）
一根辅助登山的棍子，北极熊过来的时候可以举起来防御

这根棍子会让北极熊想起海象的长牙，从而把它们吓跑。

请别过来！
这是一只海象吗？
好吧，不管这是什么动物，我都没兴趣了。
千万要离这些熊远一点。

北极熊有很强的好奇心，非常喜欢探索新事物。

阿纳托利最高兴的事，莫过于动物不把他视
作食物或危险，而是平等地对待他。

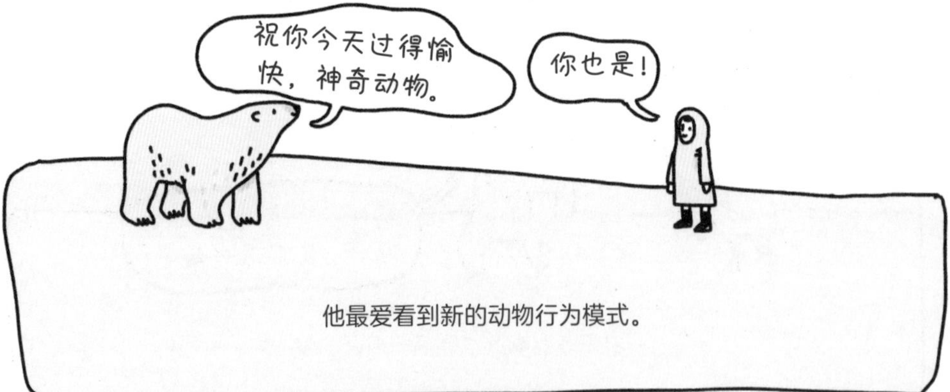

他最爱看到新的动物行为模式。

北极的冰在融化，北极熊捕食和迁徙都变难了。阿纳托利看到了很多人们从未见过的画面，比如北极熊猎捕鸟和海象。

有时候即便研究经费用完了，阿纳托利也会继续留下拍照和做笔记。

极地的生态系统很脆弱。冰川融化会改变北极熊的生活，将来也会影响人类的生活。

他希望尽全力保护冰川，保护北极熊，保护地球。

嗨！
我喊了
我的表妹来，
她正在写一篇关于
猫鼬的报告。

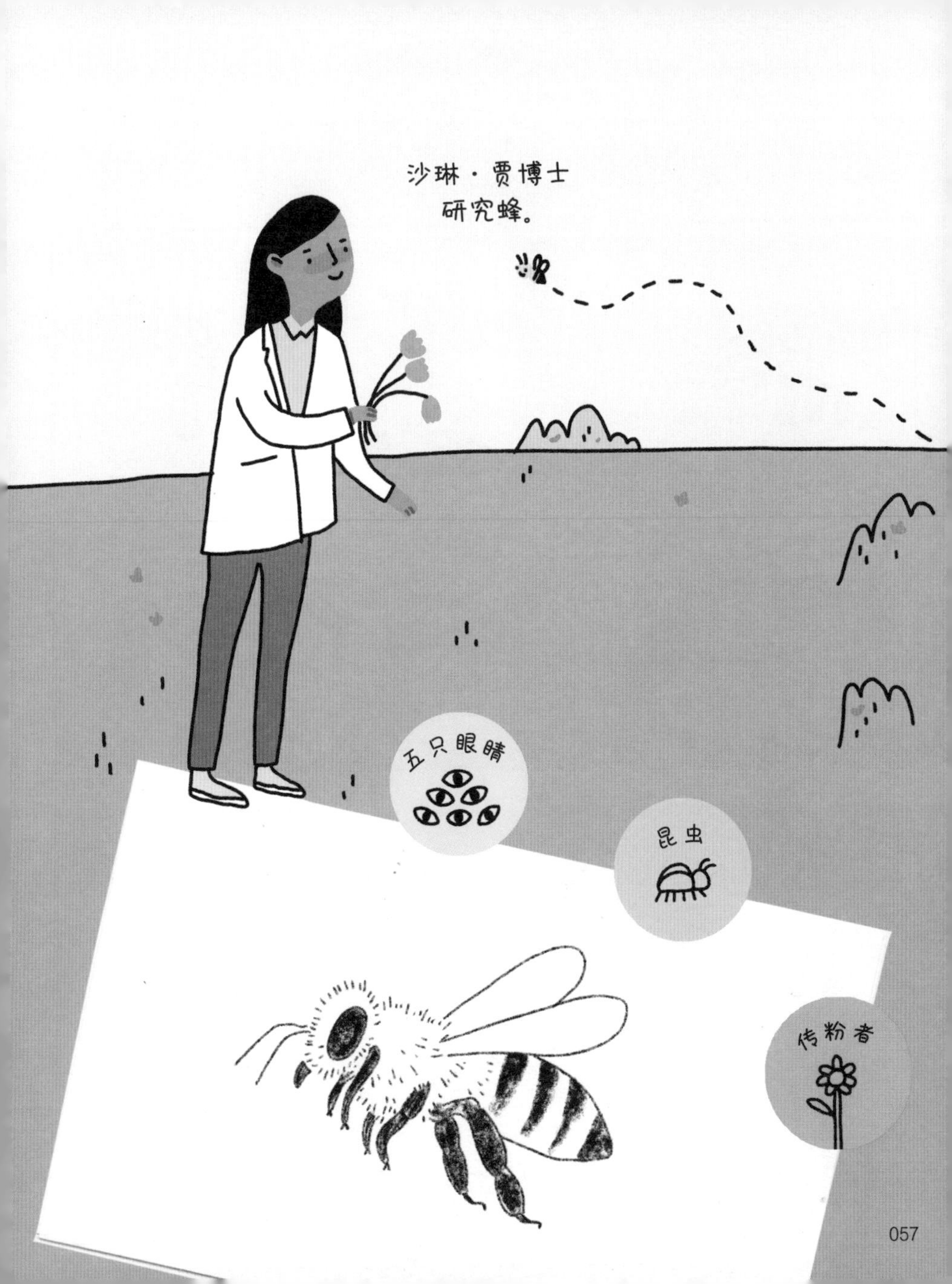
沙琳·贾博士
研究蜂。
五只眼睛
昆虫
传粉者

蜂

世界上有约 20 000 种蜂。

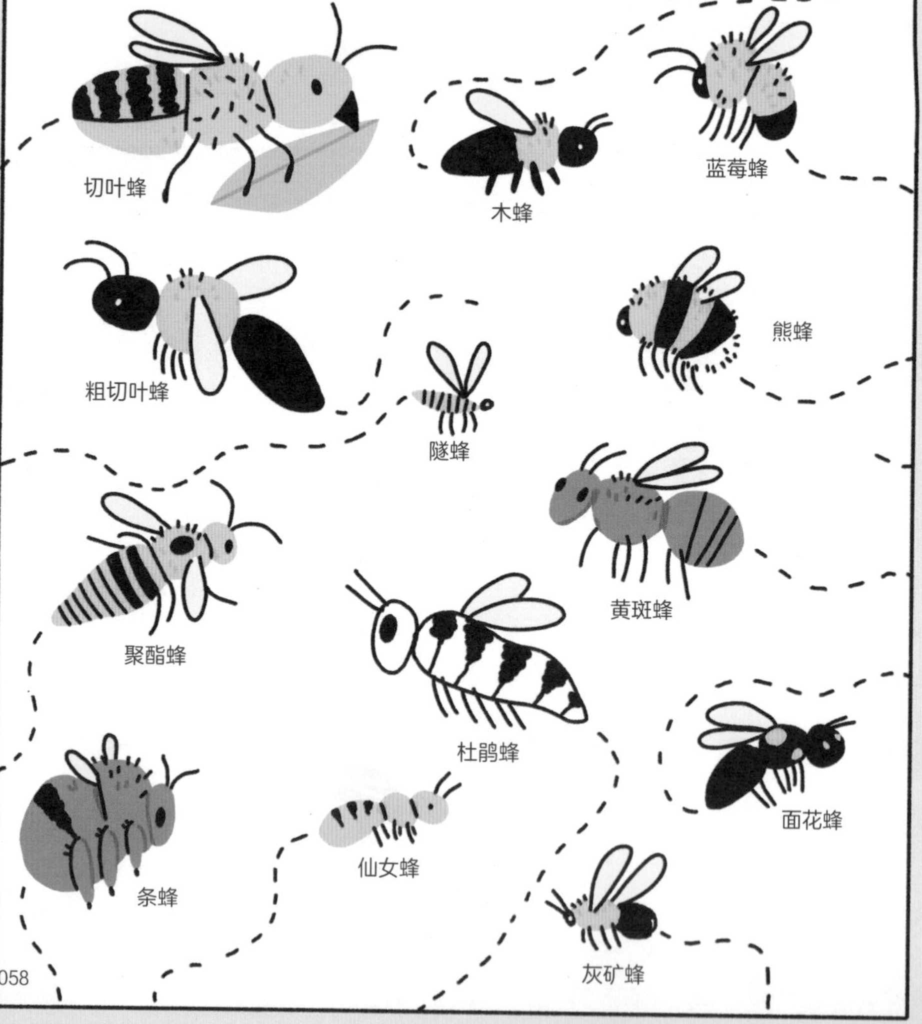

几个可能让你感到惊奇的蜂类小知识：

1

它们自己住，
而不是一起住在蜂巢里。

2 除非你长期待在蜂巢里，否则你见到的大多数蜂都是雌性。

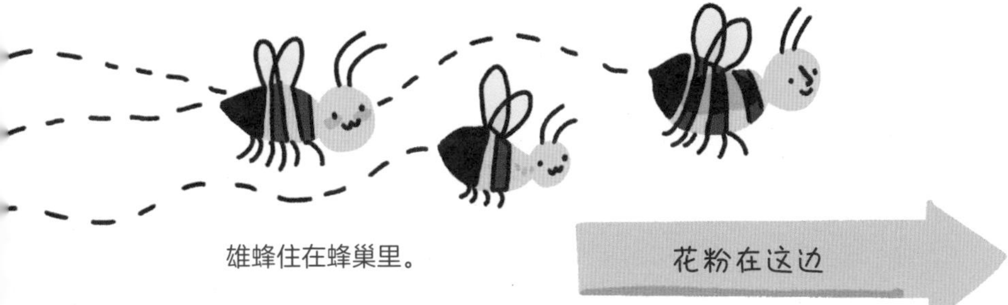

雄蜂住在蜂巢里。

3 并非所有的蜂都是黑黄相间（有些是绿色或蓝色的）。

4 不是所有的蜂都蜇人！雄蜂没有蜂针，而有些雌蜂也不蜇人。

蜂是很棒的传粉者。
在它们采花粉时，来自其他花朵的花粉会落在植物上。
植物需要靠这样的花粉混合过程生长。

花粉是某些植物会产生的粉状物。
（还有，关于花粉的令人悲伤的小知识：
有些人对花粉过敏。）

蜂就是为采花粉而生的。

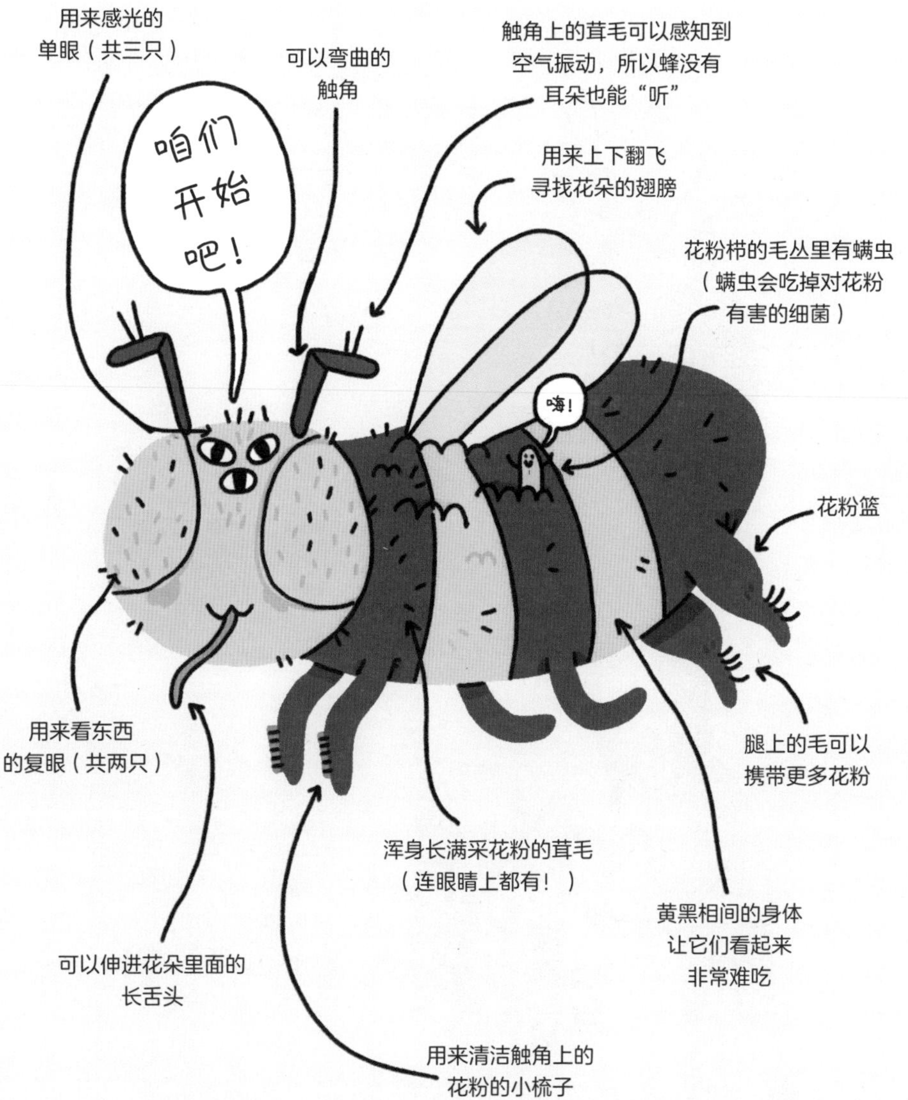

用来感光的
单眼（共三只）
可以弯曲的
触角
触角上的茸毛可以感知到
空气振动，所以蜂没有
耳朵也能“听”
咱们
开始
吧！
用来上下翻飞
寻找花朵的翅膀
花粉栉的毛丛里有螨虫
（螨虫会吃掉对花粉
有害的细菌）
嗨！
花粉篮
用来看东西
的复眼（共两只）
腿上的毛可以
携带更多花粉
浑身长满采花粉的茸毛
（连眼睛上都有！）
黄黑相间的身体
让它们看起来
非常难吃
可以伸进花朵里面的
长舌头
用来清洁触角上的
花粉的小梳子

由于蜂大小不一，
所以很多人认为体形大的蜂是更重要的传粉者。

贾博士和她的团队想知道
这是不是真的。

为了弄清这个问题，她对小花绢木展开研究——这是一种由小型蜂传粉的热带常绿植物。

这种植物花期只有两天，
所以给它们传粉的时间可不多。

贾博士的研究团队研究了小花绢木样本，还找出了其他利用蜂为其花朵传粉的植物。

贾博士发现，这些蜂可以在两天之内飞行 1.6 千米。

这相当于人类在两天之内从洛杉矶跑到芝加哥。

没有蜂，就没有我们吃的食物。

标语写的是“谢谢你，小蜜蜂”。
我们不会写字。

它们传粉的行为帮助植物长出种子，

这样才能长出水果和蔬菜。

贾博士让人们认识了蜂，
理解了它们的行为。

所以你真的
吃蝎子吗？
你见过
老鹰吗？
呃。
你们可以
小声一点吗？
我是真的
想读这本书。

塞茜尔·萨拉比安博士研究
日本猕猴和倭黑猩猩。

倭黑猩猩和日本猕猴

这些水果是哪儿来的？
不知道——
我一翻页就有了。

倭黑猩猩
栖居在非洲赤道附近
树栖和陆栖
30—59 千克重

日本猕猴
（雪猴）
栖居在日本
陆栖
8.6—11 千克重

倭黑猩猩

它们吃：

水果　蜂蜜　卵

以及小型哺乳动物

（例如鼯鼠）

它们生活在潮湿的热带雨林中。
一只倭黑猩猩一生的排泄物中所含的种子有 9 吨多重。
它们生活在母系群体中。

日本猕猴

它们是除人类以外栖居地最寒冷的灵长类动物。

它们吃：
水果　菌类　植物　坚果和种子

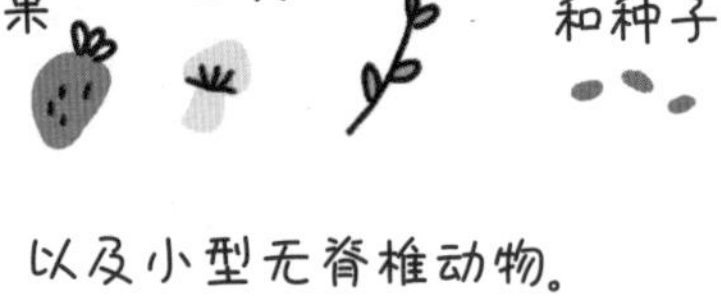

以及小型无脊椎动物。

它们喜欢泡温泉。
它们生活在母系群体中。

我们人类也属于灵长类动物。

无论是在野外、动物园，还是保护区，它们的生活都离不开大量虫子和泥土。

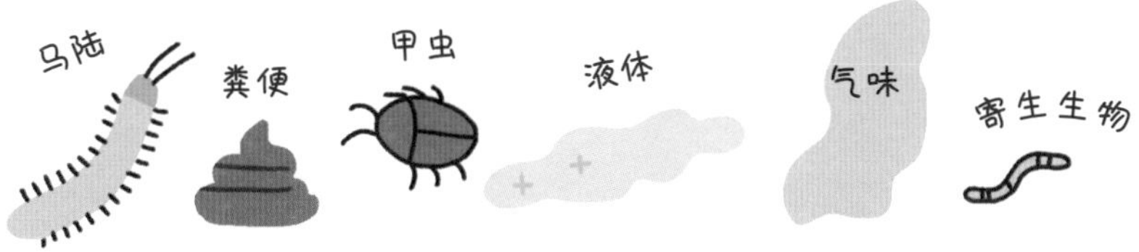

萨拉比安博士想知道：

其他灵长类动物是不是也和人类一样会感到恶心？

我的老天，闻闻这个。
哕！
谁会在这样一本书里放这么恶心的东西呢？！*
我不知道。
嗨。

* 萨拉比安博士会。

萨拉比安博士想知道灵长类动物
会觉得什么东西恶心。

她把水果
放在一堆
粪便中。

她把水果放在
假便便上。

用纸浆模型
做的。

她还在泥土中放了
一些水果。

然后她把这些灵长类的行为记录下来。

这些灵长类动物会觉得靠近粪便的食物很恶心，也不会吃这些东西。
但这取决于粪便的外观和气味有多真实。如果这些粪便闻起来不像粪便，
颜色也不对，那么灵长类动物是不会感到恶心的。

倭黑猩猩和日本猕猴的幼崽
不会像成年个体那样容易感到恶心。

所以，恶心也许是一种在成长过程中习得的能力。

能感到恶心很重要！
这使我们远离寄生生物和疾病，也是我们和倭黑猩猩、日本猕猴相似的地方，
尽管在很多方面，我们相差十万八千里。

萨拉比安博士在法国长大，从小热爱动物。她自己家没有养宠物，但是到了周末她会去乡下姨妈家，和姨妈的小狗蒂格拉一起玩。

她还给蒂格拉写信。

塞茜尔还会去外婆家，
看她收集的动物知识卡片。

她最喜欢白面僧脸猴和雪豹。

这些卡片上有很多信息，但并不是全都有，
所以塞茜尔会尽情想象，直到看到更多关于这些动物的知识为止。

比如说，她想象中的白面僧脸猴体形巨大，
用两条腿走路——但事实上它们挺小的。

有些动物和人一样，有“食物恐新症”……

也就是说，不想吃没吃过的食物。
而倭黑猩猩没有“食物恐新症”。

萨拉比安博士和她的研究团队给觅食的倭黑猩猩放了 3 种水果：

倭黑猩猩整天都在吃木瓜。

它们有时候会看见苹果。

“李子”是一种它们从没见过的新食物。

即使倭黑猩猩从没吃过李子，它们第一个品尝的也是李子。

如果太阳是用魔法做的，那这味道就像太阳！
美味！

萨拉比安博士会带这些东西：

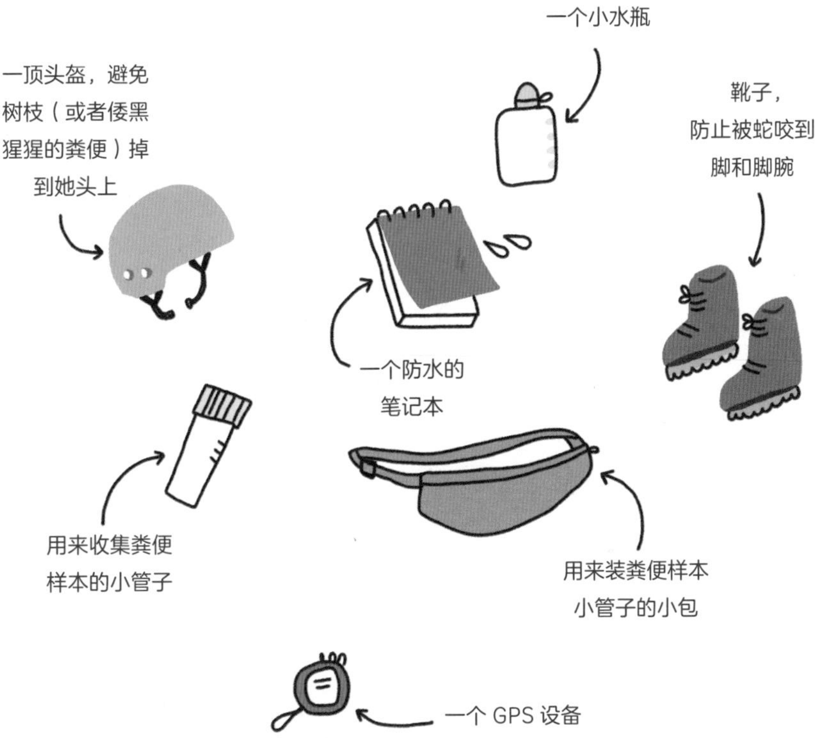
一个小水瓶
一顶头盔，避免树枝（或者倭黑猩猩的粪便）掉到她头上
靴子，防止被蛇咬到脚和脚腕
一个防水的笔记本
用来收集粪便样本的小管子
用来装粪便样本小管子的小包
一个 GPS 设备

嗅嗅 嗅嗅
行，我要吃这个。

你可以帮我把这些
挂起来吗？
这些是我做的！
猫鼬
我♥
猫鼬

约翰·乌兹卢夫博士
研究乌鸦。

乌鸦

它们吃坚果、种子、虫子、卵、青蛙、老鼠、水果，
以及任何它们能找到的东西。乌鸦非常聪明，它们的大脑对比体形而言非常大。*
此外，灵长类动物是唯一拥有如此硕大的大脑的生物。

好吧，试试在第23行填“面食”。
噢，好主意。

*又称“脑化指数”。

乌鸦能开动大脑制作工具、认路、记住家庭成员。它们还会——

抱歉，打断一下！有人来了。
噢，是约翰！
嗨，约翰。
噢！那是昨天掉了一块三明治的小孩。
我喜欢那个小孩。

注意人类的脸。它们会记住被它们当作敌人的人，以及被它们当作朋友的人。

小时候，约翰最喜欢的动物是角蜥。

他童年时在沙滩上看到了它们。

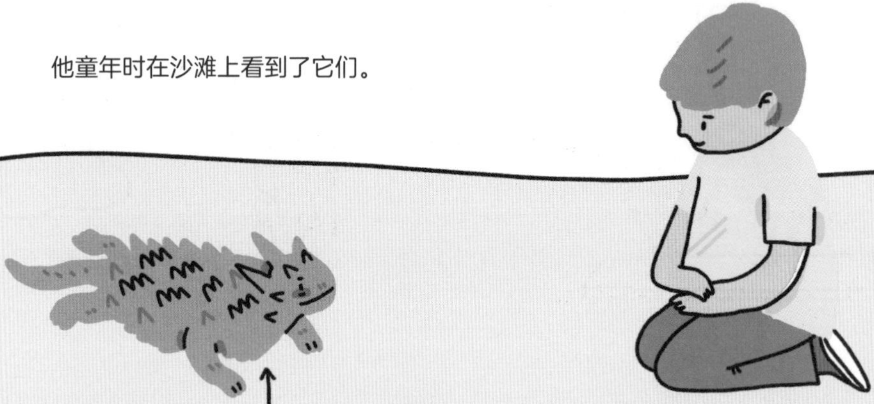

眼睛可以喷血，

背部可以用来收集水分。

现在，他喜欢研究乌鸦和它们的聪明程度。

眼睛不能喷血

（但可以做很多其他事情）。

马兹卢夫博士想研究乌鸦对人脸的记忆能力，
以及它们能否向其他乌鸦解释人类的面孔。他在实验中用了两个面具：

一个穴居人面具

一个迪克·切尼面具

首先，一名研究人员戴上穴居人面具，
然后抓住两只乌鸦并给它们系上绳子。

虽然没有受伤，
但是它们不喜欢被系上绳子。

他和团队成员想知道
这两只乌鸦会不会记得穴居人面具。

马兹卢夫博士调查鸟类时带的东西：

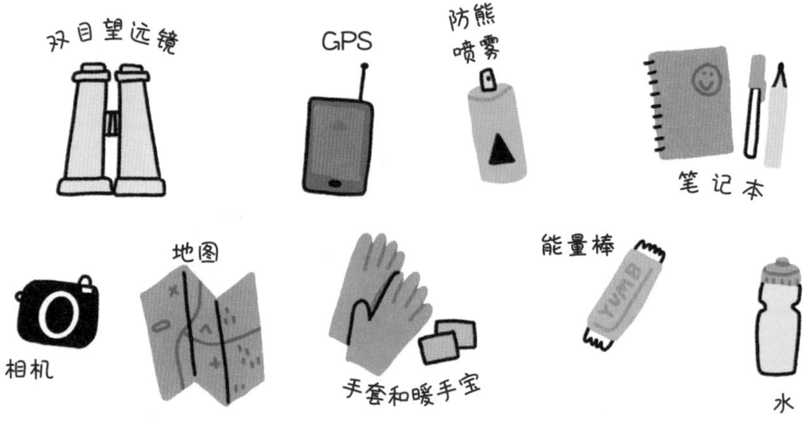

接下来，几位研究人员都戴上面具，
在附近走来走去。

乌鸦们一见到戴着这个面具的人就呱呱叫。

但并非只有系着绳子的那两只乌鸦会呱呱大叫个不停。
周围所有的乌鸦都被这个面具气得够呛。

马兹卢夫博士又让他的团队成员戴上迪克·切尼面具，
看看乌鸦是不是对所有面具都发火。

但他们戴上新面具后，
乌鸦没有反应。

您好，小鸟。
你好，让我无感的陌生人。

这说明乌鸦能够记住人脸，
并且相互交流这些面部的细节。

如果你和住在你附近的乌鸦成为朋友，
那它们不仅会记住你，还会和其他乌鸦讲起你。

能够描述面孔、朋友、危险，
是乌鸦用聪明才智守护整个族群安全的一种体现。

哇，能看出来
你把这里好好
布置了一下。
MAOYOU
保持
冷静
继续
猫鼬
猫鼬

所罗门·大卫博士研究雀鳝。

雀鳝

它可不是平平无奇的鱼。

它们可以
用鼻尖尝味道。

有些品种的
雀鳝可以长到 2—2.4 米长，
重达 136 千克。

它们的尾巴断了还
可以重新长出来。

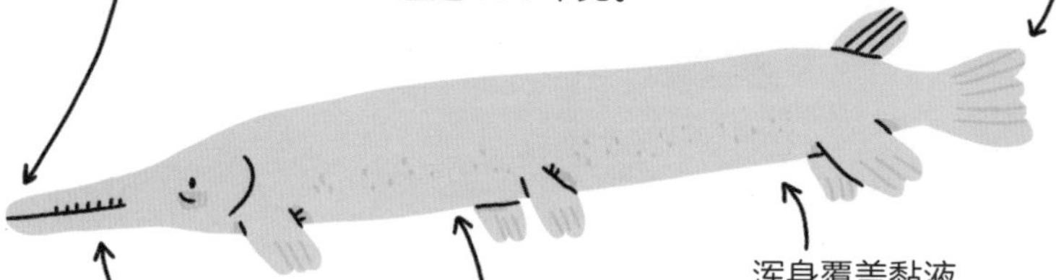

锯一样的
牙齿

它们的鳞片质地
类似人类的牙齿。

浑身覆盖黏液

它们生活在缓慢
流动的温暖水域中。

我的人生就是
一场泡澡。

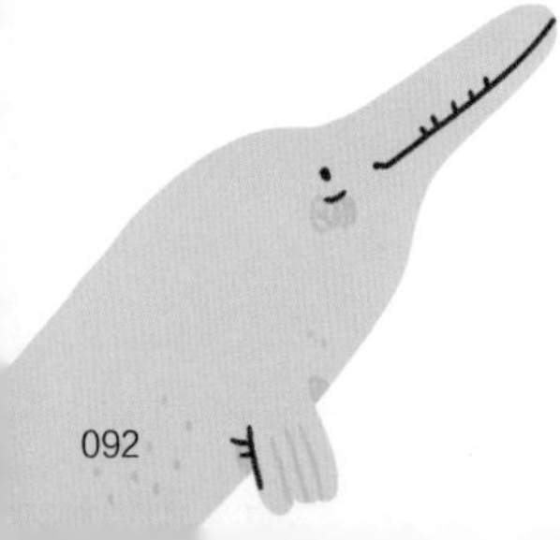

它们吃鲇鱼、

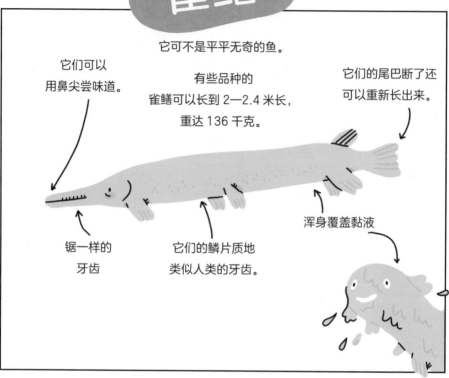

虾，

翻车鱼、

螃蟹、

还有水藻。

雀鳝是一种古老的鱼。
它们与其生活在 1.57 亿年前的祖先几乎一模一样。

大多数生物都变了样，
但雀鳝如今还长得和霸王龙生存的那个时代一样。

雀鳝本身就很厉害。它们的卵和幼崽对于爬行动物、
鸟类、哺乳动物，以及无脊椎动物来说都有毒。

长大以后，它们体形巨大，
而且浑身长满鳞片，所以大多数动物吃不掉它们。

雀鳝虽然有鳃，

但它们还是会游到水面上来大口大口地吸入空气。

通常，在安全的时候，它们会成群出现在水面上。

为了更加了解雀鳝，大卫博士和他的团队需要对雀鳝进行测量、计数和研究。

他的团队乘坐小船来到路易斯安那州的一片浅水域。

他们有两种办法捕捉和放生用作研究的雀鳝。

1. 在小船周围释放电流。

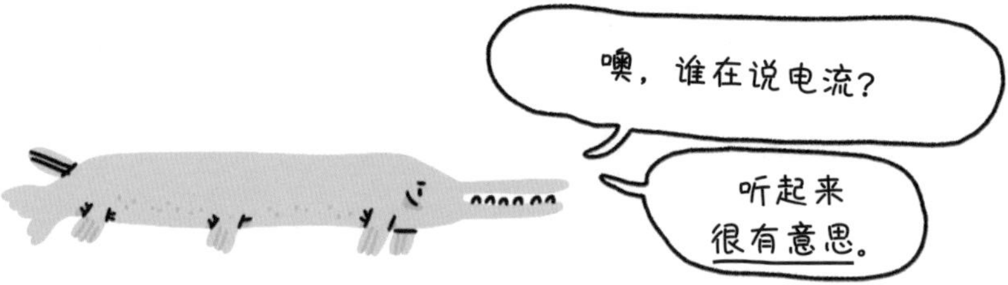
噢，谁在说电流？
听起来很有意思。

雀鳝会被电流吸引，
但等它们游到小船附近时，就会被电晕过去几秒。

科学家用这段时间清点雀鳝的数目。

2. 在渔线上绑一块肉，然后系在无人机上。科学家把无人机开到离小船120 米远的地方，然后降低无人机高度，钓上一只雀鳝。

对鱼进行测量时，他们会在鱼头上放一条湿冷毛巾，使其平静下来。

所罗门从小就喜欢动物，而且一直很喜爱雀鳝。

他儿时读《园林看守者》（*Ranger Rick*）杂志时，第一次看到了雀鳝。

他从未见过这样的鱼，对它一见倾心。

现在，他是雀鳝方面的教授、学者，他的办公室里有一鱼缸雀鳝。

雀鳝没有天敌，但当沼泽和溪流被高楼和公园取代后，雀鳝的数量大大减少。

雀鳝减少后，中等体形的鱼就多了起来，它们会把小鱼全吃掉。

大卫博士希望雀鳝得到保护。

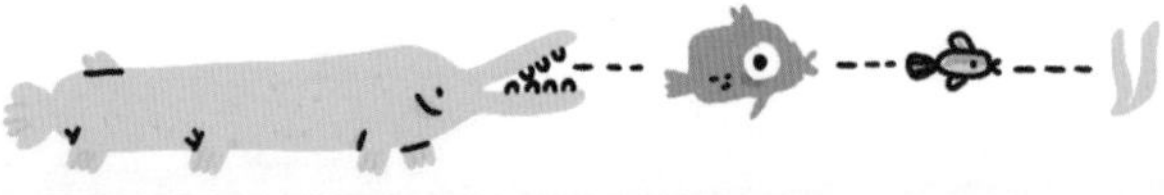

他也希望人们像他一样喜爱雀鳝。

某种程度上，研究雀鳝，就像踏入一架时光机。

能有机会研究仍然存在于世的来自 1.57 亿年前的动物，是非常难得的事情。

恐龙！

斯科特·爱德华兹博士研究鸟类和它们的亲戚（恐龙）。

恐龙

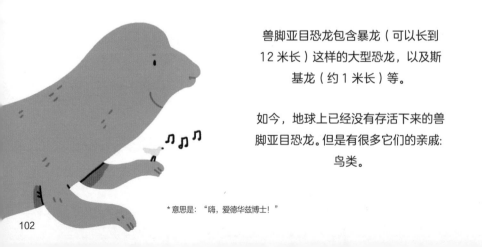

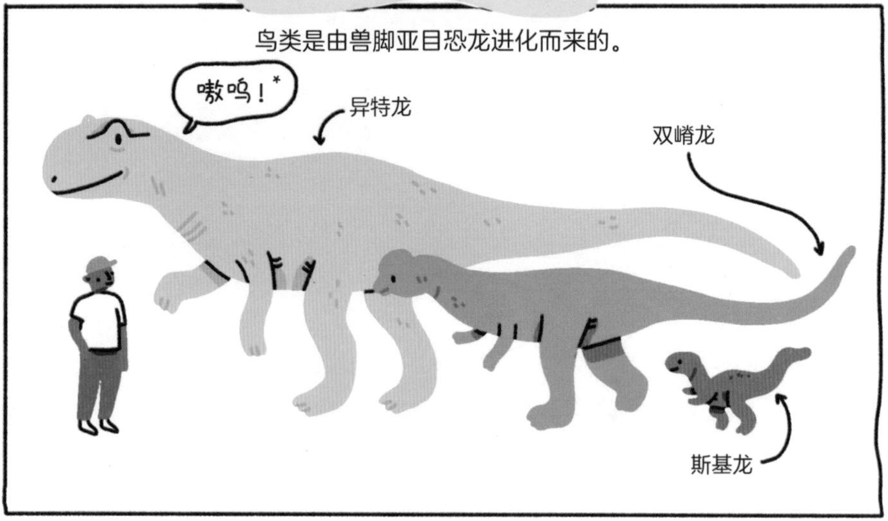
鸟类是由兽脚亚目恐龙进化而来的。
嗷呜！*
异特龙
双嵴龙
斯基龙

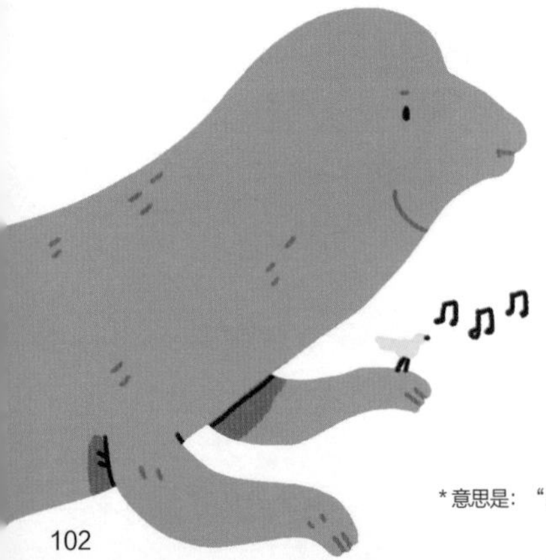

兽脚亚目恐龙包含暴龙（可以长到12 米长）这样的大型恐龙，以及斯基龙（约 1 米长）等。

如今，地球上已经没有存活下来的兽脚亚目恐龙。但是有很多它们的亲戚：鸟类。

* 意思是：“嗨，爱德华兹博士！”

尽管麻雀看起来不像霸王龙，

鸟类和兽脚亚目恐龙也还是有很多相似之处。

中空的骨骼

一根叉骨*

它们的后肢都有
3 个脚趾。

（有些兽脚亚目恐龙）
长羽毛

所以你是一只猫头鹰？
我说的对吗？
zzzz

并且它们的肺部附近都有
用来呼吸的气囊。

* 叉骨也称“许愿骨”，在一些国家被视为幸运符。吃鸡肉时，两人拉扯鸡叉骨，扯到更长的骨头的人会有好运，可以许一个愿望。

很多科学家通过化石研究恐龙。之所以有化石，
是因为恐龙的骨骼、粪便等被埋在湿润的地方，经过数千年，变成了石头。
有化石化的骨头、牙齿，甚至粪便。

但爱德华兹博士的团队可以通过研究鸟类的脱氧核糖核酸（DNA）发现新的信息。

一只鸟的 DNA（或一个人的 DNA，或一棵植物的 DNA）
上有这只鸟（或人、植物）长成鸟（或人、植物）所需要的所有信息。

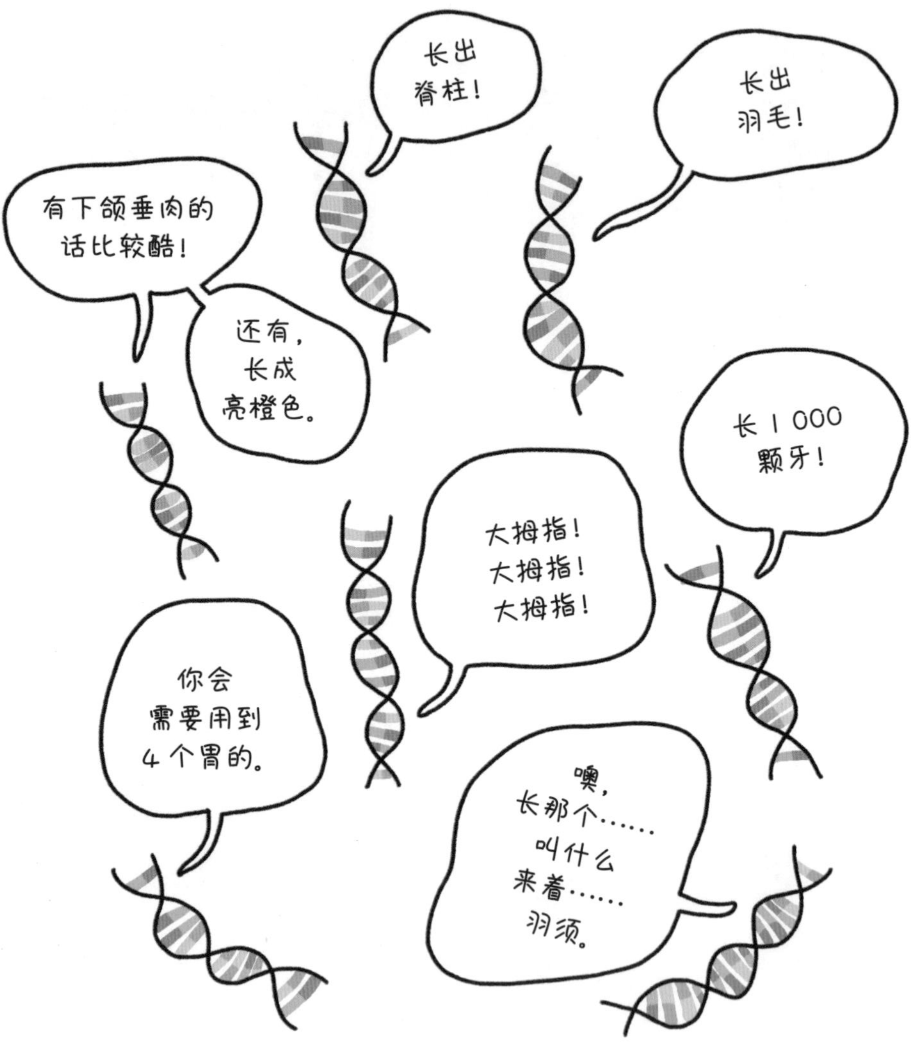

这些信息叫作基因组。

爱德华兹博士研究鸟类 DNA 时，
会寻找鸟类基因组和兽脚亚目恐龙基因组的异同。

基因组由许多组碱基对组成。

一个人类基因组有超过 30 亿个碱基对。

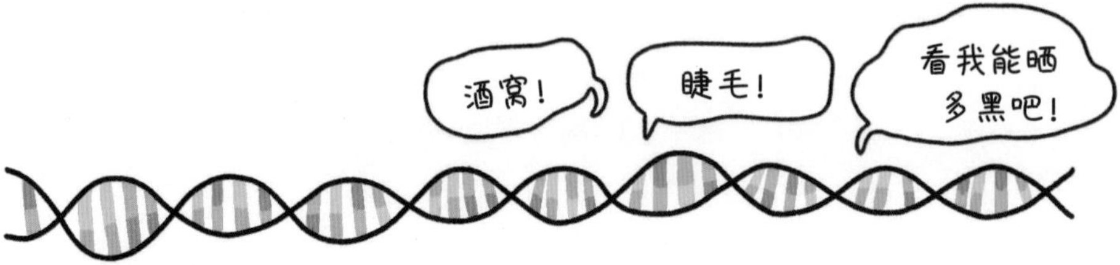

座头鲸的基因组碱基对较少——

约 27 亿个。

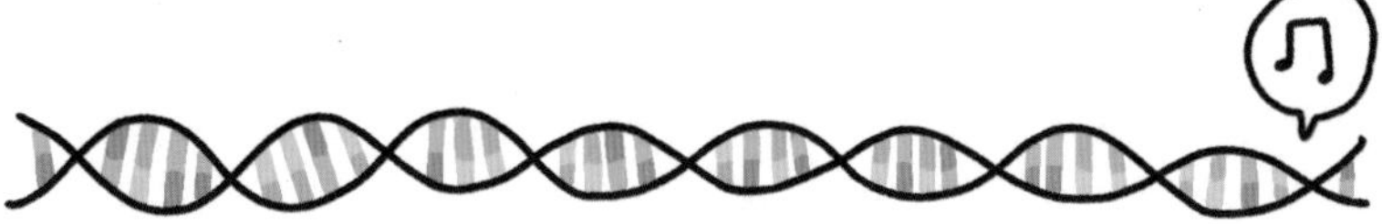

爱德华兹博士发现，

鸟类和兽脚亚目恐龙的基因组都比较短，

只有 15 亿个碱基对。

一个香蕉的基因组有

5.2 亿碱基对。

对鸟类基因组的研究，
能从另一个角度证明鸟类和兽脚亚目恐龙是近亲。

这也让爱德华兹博士了解了这些古生物
是怎样变成如今大家熟知的它们的动物亲戚的。

狗狗！
嘘！
它刚睡着。
请小
声点。

纳塔莉亚·德·索萨·阿尔伯克基博士研究小狗。

狗

有些人会研究狗，但几乎所有狗都会研究人类。

人类和狗共同生活了数千年，宠物狗依靠人类提供陪伴、娱乐和食物。

德・索萨・阿尔伯克基博士研究
小狗是如何读懂人类情绪的。

纳塔莉亚从小就非常喜爱动物。

小时候，她去哪儿都抱着一本动物百科，并且告诉大家，

等她长大以后，她希望知道动物的想法和感受。

她决定学生物学。

她的狗——波莉与她一起生活了 10 年，
是她做学术研究的灵感来源。

将来她还希望研究山羊、猫、奶牛和
海龟的社交情感技能。

动物需要识别彼此的情绪，
从而和平相处，让自己生存下去。

动物会使用肢体语言

和声音

来表达不同的情绪。
有些动物也会用嗅觉，但这不只是气味的问题。

能够把许多不同的迹象结合起来理解的动物，
可以比其他动物更快和更好地读懂情绪。

当然，并不是只有动物会这样做。
人类也有高兴和沮丧的音调和表情。

德·索萨·阿尔伯克基博士想知道
小狗能否把这些人类的迹象结合起来。

德·索萨·阿尔伯克基博士的团队选了一些照片，
上面是人和狗高兴与难过时的表情。

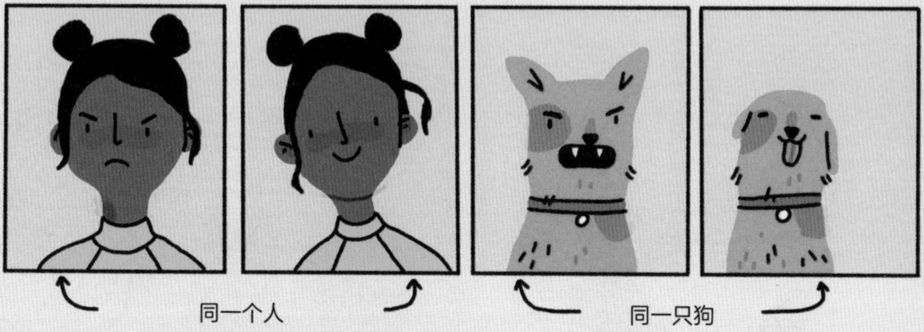

他们还选了一些录音，
分别是人和狗高兴与难过时发出的声音。

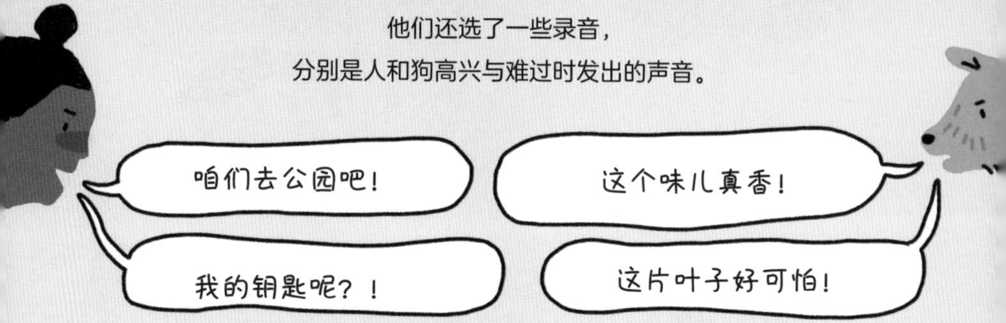

咱们去公园吧！
这个味儿真香！
我的钥匙呢？！
这片叶子好可怕！

为了确保小狗不是根据人的用词来做推断，
他们使用的是葡萄牙语的录音，而被研究的小狗的主人并不会说葡萄牙语。

他们还采用了一段“布朗噪声”，
这个声音听起来既不高兴也不难过，是中立的。

德・索萨・阿尔伯克基博士和她的团队从巴西飞往英国，研究那里的小狗。他们将每只小狗分别放在一间安静的房间，里面有两个屏幕和一个音响……

然后给小狗展示两张脸，并给它播放其中一种声音。

德・索萨・阿尔伯克基博士和她的团队将小狗的表现记录了下来。

她和其他研究人员回看录像时发现，小狗在听见高兴的声音时，
看着“高兴脸”的时间比看着“难过脸”的时间长。

而它们在听见难过的声音时，看“难过脸”的时间更长。
这说明狗可以将视觉和听觉方面的迹象结合起来，
从而更快、更好地读懂人类的情绪。

在德·索萨·阿尔伯克基博士进行这项研究之前，
没有人能肯定动物可以这样结合人类的迹象。

咱们要叫醒它吗？
我不想让它错过伊琳·麦克吉博士。
zzzz

伊琳·麦克吉博士研究蜥蜴。

蜥蜴

请忽略
这匹马
对不起，我迟到了！
这种俯卧撑动作是打招呼的意思！
用俯卧撑动作
沟通
长着鳞片
有些可以
再生断尾
靠晒太阳
保持温暖
卵生
哇，卵生——我还不知道
马可以这样。
其实，这讲的是蜥蜴。

她以前不知道自己喜欢蜥蜴，直到她
遇到一位两栖爬行动物学家（研究爬
行动物和两栖动物的科学家）。现在，
她就是蜥蜴专家。

蜥蜴喜欢吃昆虫。

但科学家不确定它们吃哪种昆虫：水生还是陆生。

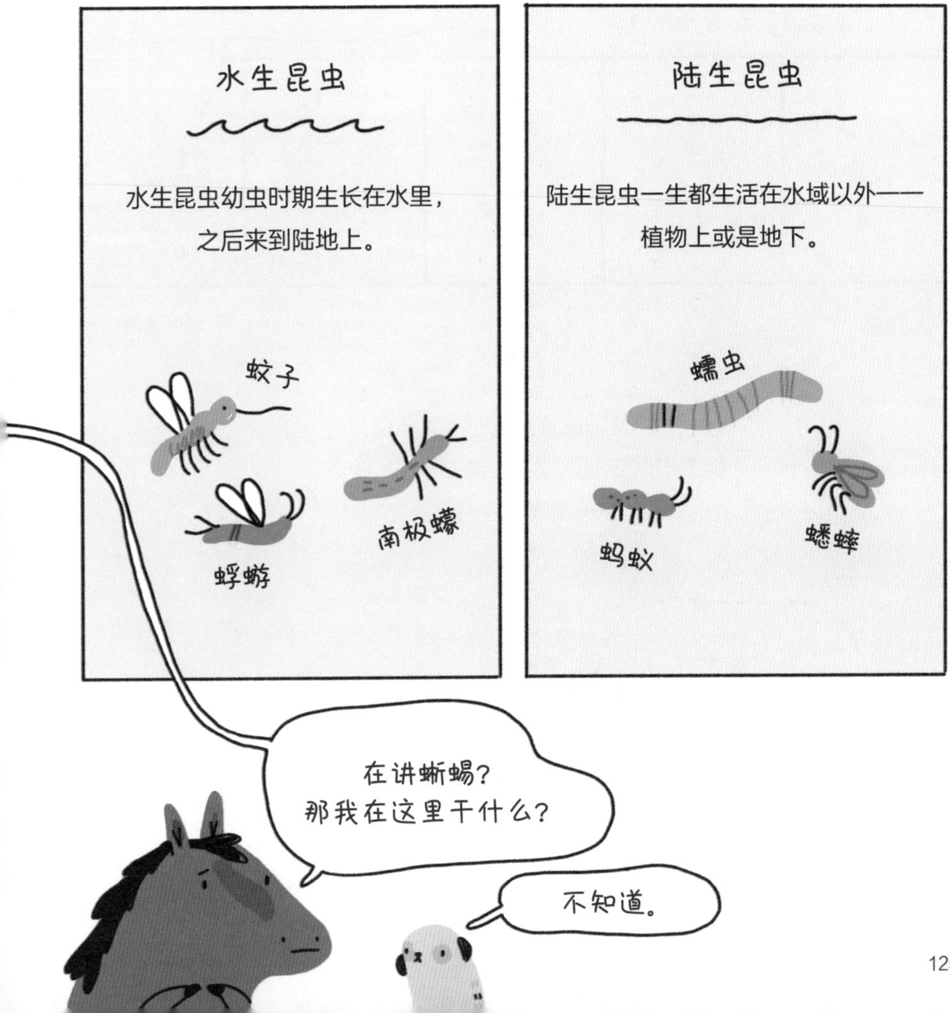

水生昆虫
水生昆虫幼虫时期生长在水里，
之后来到陆地上。
蚊子
蜉蝣
南极蠓
陆生昆虫
陆生昆虫一生都生活在水域以外——
植物上或是地下。
蠕虫
蚂蚁
蟋蟀
在讲蜥蜴？
那我在这里干什么？
不知道。

随着气候变化，干旱越来越频繁，
蝾螈赖以为生的小河也越来越窄。
这意味着水生昆虫可以产卵的地方也变少了。

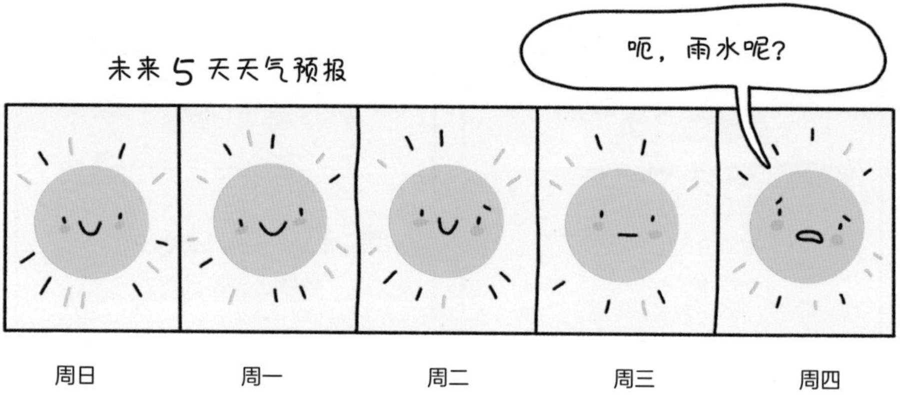

如果这些蝾螈主要吃水生昆虫，
那么小河变窄导致水生昆虫不好找的话，
它们就难以生存了。

但如果蜥蜴主要吃把卵生在干燥陆地上的昆虫的话，
就问题不大。

麦克吉博士
正在研究蜥蜴的捕食范围，
以确定水生昆虫是不是其
重要的食物来源。

等等，我完全不需要
出现在这儿吗？

她和研究团队在小河里寻找蜥蜴，
然后研究蜥蜴的粪便，分析它们吃什么。

蜥蜴很擅长伪装与隐身。
但麦克吉博士擅长看见它们。

有一回，她拍了一张蜥蜴藏得很好的照片。

然后她把照片分享在网上，几乎没有人能看见其中的蜥蜴。

现在她发起了一个名为“找到那只蜥蜴”的每周挑战。

尽管蜥蜴很难被看见，
但麦克吉博士的研究有助于
确保蜥蜴一直存在。

这一页有 4 只蜥蜴。
看看你能不能找到它们。

你觉得这里
需要马吗？
可能吧！

埃伦·加兰博士研究座头鲸。

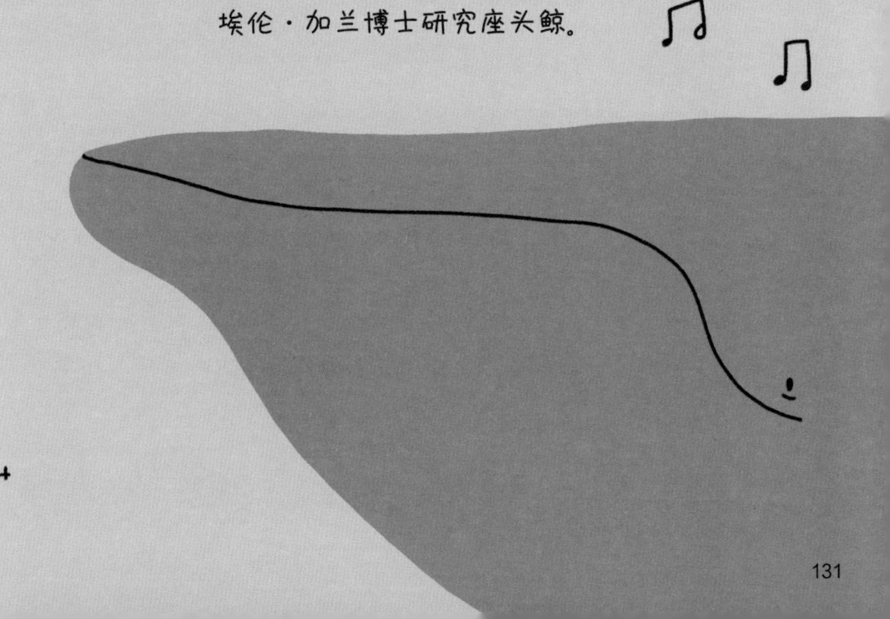

座头鲸

座头鲸是迁徙动物，也就是说，它们会随着季节更替迁移到不同的地方去。

一群鲸叫作“鲸群”。

12—16 米长

（雌性比雄性体形更大）

在温水和冷水之间游动时，长长的鳍能使它们保持舒适的温度。

鳍上生长着藤壶，帮助它们对抗虎鲸。

座头鲸每天要吃约 907 千克磷虾和鱼。

每头座头鲸的尾鳍图案都有细微区别。

科学家用尾巴的照片区分座头鲸。

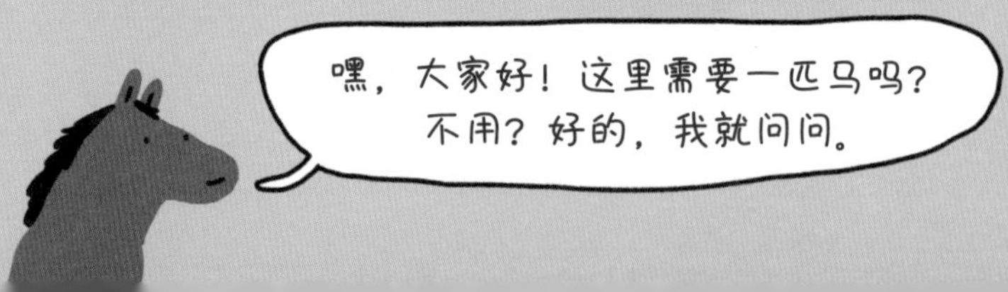

嘿，大家好！这里需要一匹马吗？
不用？好的，我就问问。

座头鲸非常友善。有时人们会看到它们与其他动物一起玩耍，

例如，蓝鲸、小须鲸、灰鲸、露脊鲸，以及宽吻海豚。

它们也是游泳健将。

但是加兰博士最感兴趣的是它们的歌声。

雄性座头鲸唱的歌可长达 5—30 分钟，
它们把这些歌曲翻来覆去唱几个小时。

这些歌声听起来像小提琴、喇叭、尖叫的猫，

还有你的胃能发出的最奇怪的动静。有高音，也有超低音。

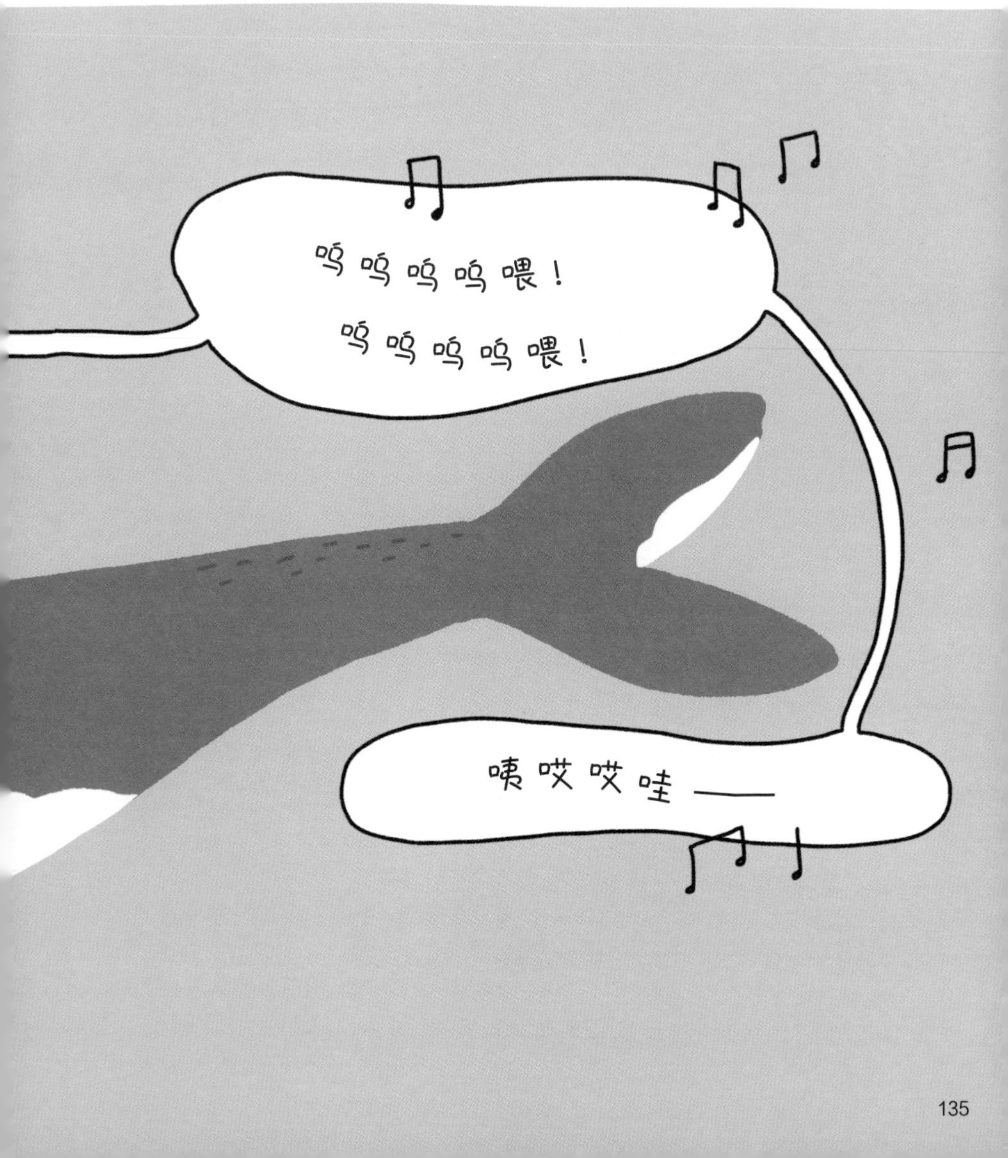

比起鸟和青蛙的歌声，
人们对鲸的歌声了解较少。

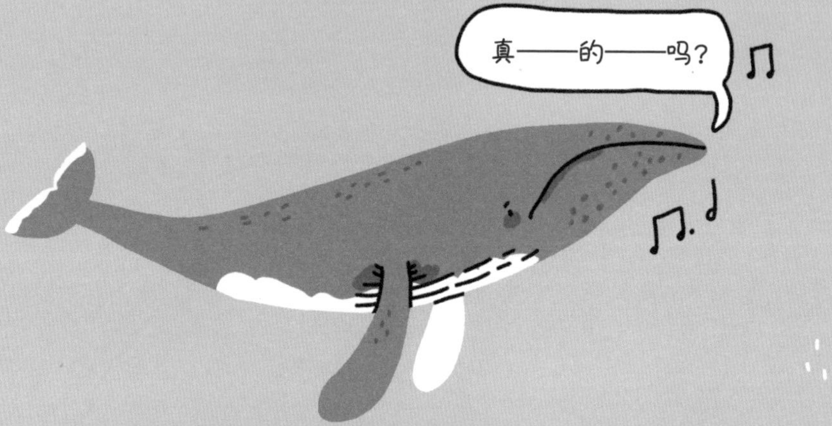

这是因为人们很难在狭小的空间里研究一个十多米长的动物。
加兰博士只能追着鲸跑。

加兰博士在新西兰附近各地观察座头鲸鲸群，
记录它们的歌声。

科学家对座头鲸唱歌的原因并没有确切的解释。

它们唱歌也许是为了向其他鲸展示自己有多强壮和聪明。

大概率不只是因为爱唱歌。

一个鲸群中，所有雄鲸都唱同一首歌。

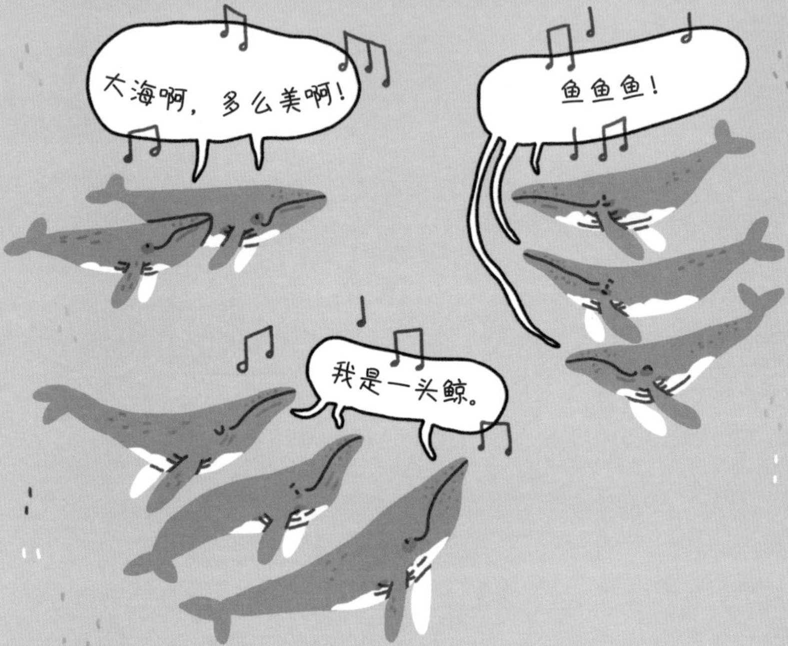

但加兰博士仔细研究这些歌曲后发现，
有些鲸的歌曲是由其他两首歌的片段组成的。

加兰博士用所有的录音证明了一件事：

当鲸在途中遇到其他鲸群时，它们会学到新歌，然后也开始唱这些歌。

哇啊啊耶噗！
哇，你在哪儿学的这首歌？
对吧，你也觉得好听吧！这首歌在我脑子里萦绕一整天了。

也就是说，总有新的鲸歌被创作出来，并被分享和传唱。

那么，我的下一首歌就叫作《阅读很快乐，但书总是湿的，鱼，大海》。

好了，我回来了。
我错过什么了吗？
嗯，不好说——
你走了多久了？
zzzz

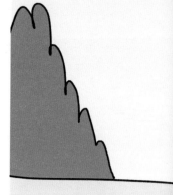

艾利森·德夫林研究美洲豹。

美洲豹

美洲豹吃很多种动物：乌龟、蜥蜴、鸟、鱼，
甚至包括像貘和凯门鳄这样的大型动物。

美洲豹行踪隐蔽。

它们也濒临灭绝。如今世界上仅有不到 17 万只美洲豹。

过去，美洲豹在中美洲和南美洲随处可见，而现在它们正面临栖息地丧失的威胁。

艾利森·德夫林博士和其他专家正在努力帮助它们。

但是，找到一只美洲豹太困难了，以至于人们很难知道是哪些措施真的起了作用。

德夫林博士从青少年时期就开始研究大型猫科动物。
她最早的几份工作之一就是带着一只排泄物嗅探犬去收集美洲豹的粪便。

排泄物是粪便的
委婉说法。

这边走！

排泄物不仅可以让德夫林博士知道这里曾有美洲豹出没，
还能让科学家们研究出：

是哪只美洲豹排泄的粪便！
如果他们能找到来自同一只美洲豹的大量排泄物样本，
他们就能知道这只美洲豹走了多远。
没错。
太酷了。

现在，德夫林博士用运动感应相机
来研究美洲豹。

每当有动物（希望是美洲豹）出现，
相机就会拍一张照片。

德夫林博士的团队一直在寻找能够吸引美洲豹的东西，
这样就能让相机拍到更好的照片，进而更好地了解美洲豹。
几年前，他们发现美洲豹喜欢古龙水的味道。

研究人员在相机
附近喷一点香水，到了晚上，
美洲豹就会过来一探究竟。

这是给人用的香水，
但美洲豹也许是对合成灵猫酮感兴趣。
灵猫酮闻起来像灵猫蹭在树上用来标记领地和
吸引其他灵猫的气味浓郁的黏液。

美洲豹不仅因此喜欢在相机附近好好闻一闻，
还会停留更长时间。

正是因为有了这种新气味，
德夫林博士甚至看到了一张两只美洲豹同时入镜的照片，
这是以前的研究人员都不曾见过的。

研究人员借助这些照片对这种超级隐蔽的
动物有了更清楚的认识。

阿雅娜·
伊丽莎白·
约翰逊博士？！
我认识她！！
闻
噢天啊，
噢天啊。

阿雅娜·伊丽莎白·约翰逊博士
研究海洋。

海洋

地球约 70.8% 的面积被海洋覆盖。
海洋是上百万种生物的家园，它还能吸收热量和污染，
给所有生活在陆地上的生物一个更安全的环境。

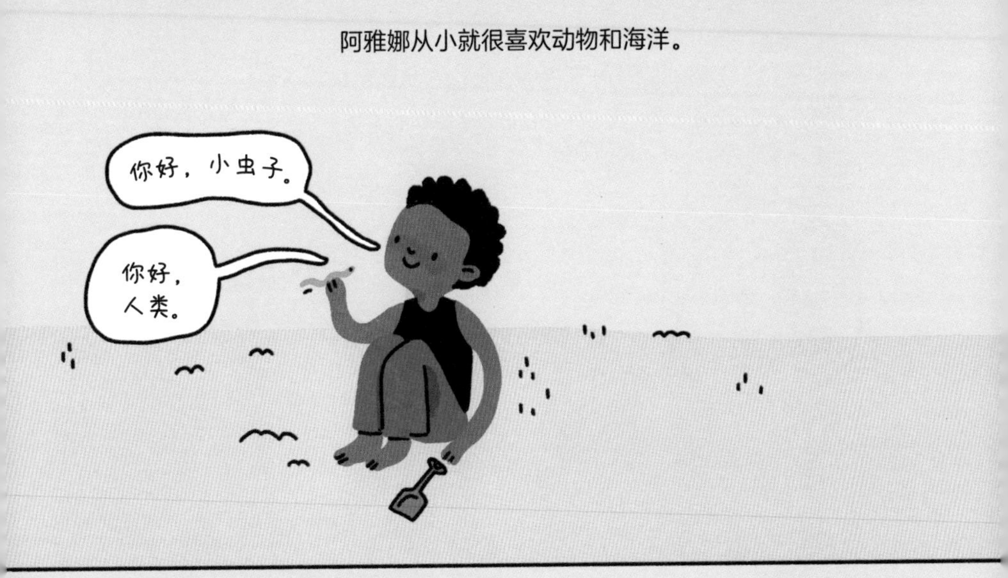

阿雅娜从小就很喜欢动物和海洋。

10 岁时，她第一次看见珊瑚礁。

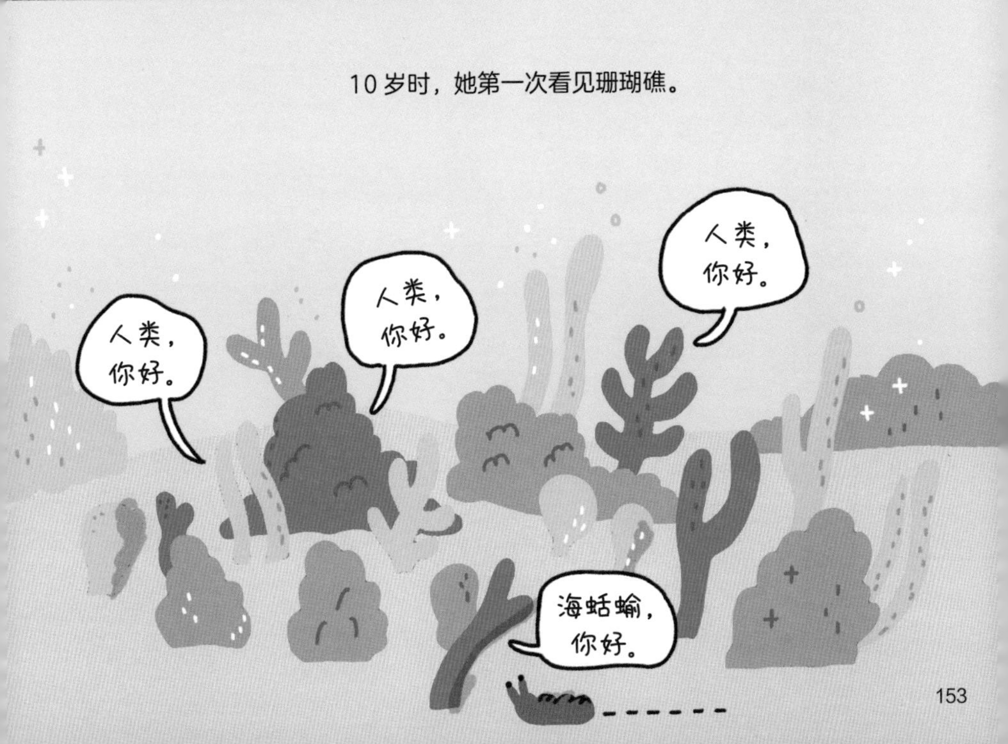

当了科学家以后，
约翰逊博士了解了许多海洋危机的原因：

比如过度捕捞

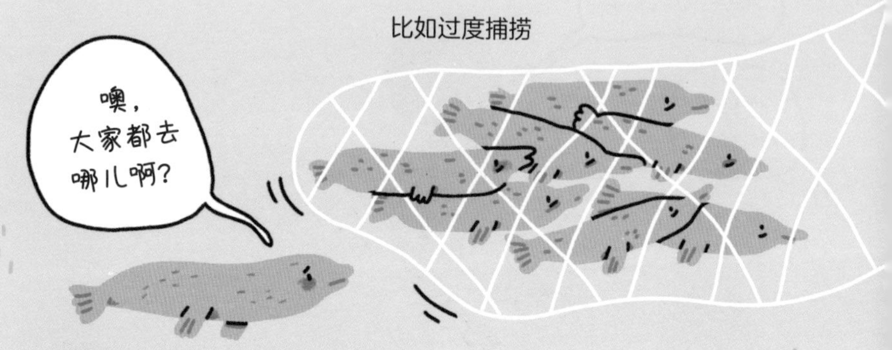

以及环境污染。

她致力于制订保护海洋和地球的计划，
然后努力让更多人知道这些计划，并且让他们知道自己能做些什么。

约翰逊博士与政客会面……

*聊天、
聊天*

她四处演讲……

*掌声、
掌声*

她撰写书籍……

*打字、
打字*

她接受采访……

*喂喂喂、
喂喂喂*

她与世界各地的专家会谈。

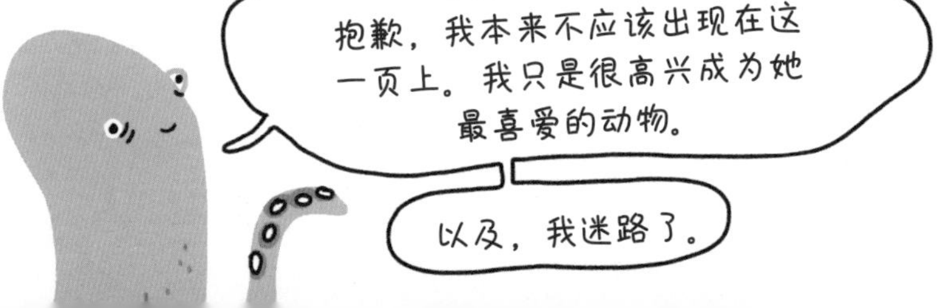
抱歉，我本来不应该出现在这一页上。我只是很高兴成为她最喜爱的动物。
以及，我迷路了。

工作当中，约翰逊博士不仅要用到科研能力，
还要用到演讲能力、创造力、写作能力，以及幽默感。

尽管我们的海洋不如以前健康，
但约翰逊博士说，如果我们一起努力，
我们仍然可以做很多事情来拯救海洋和我们的地球。

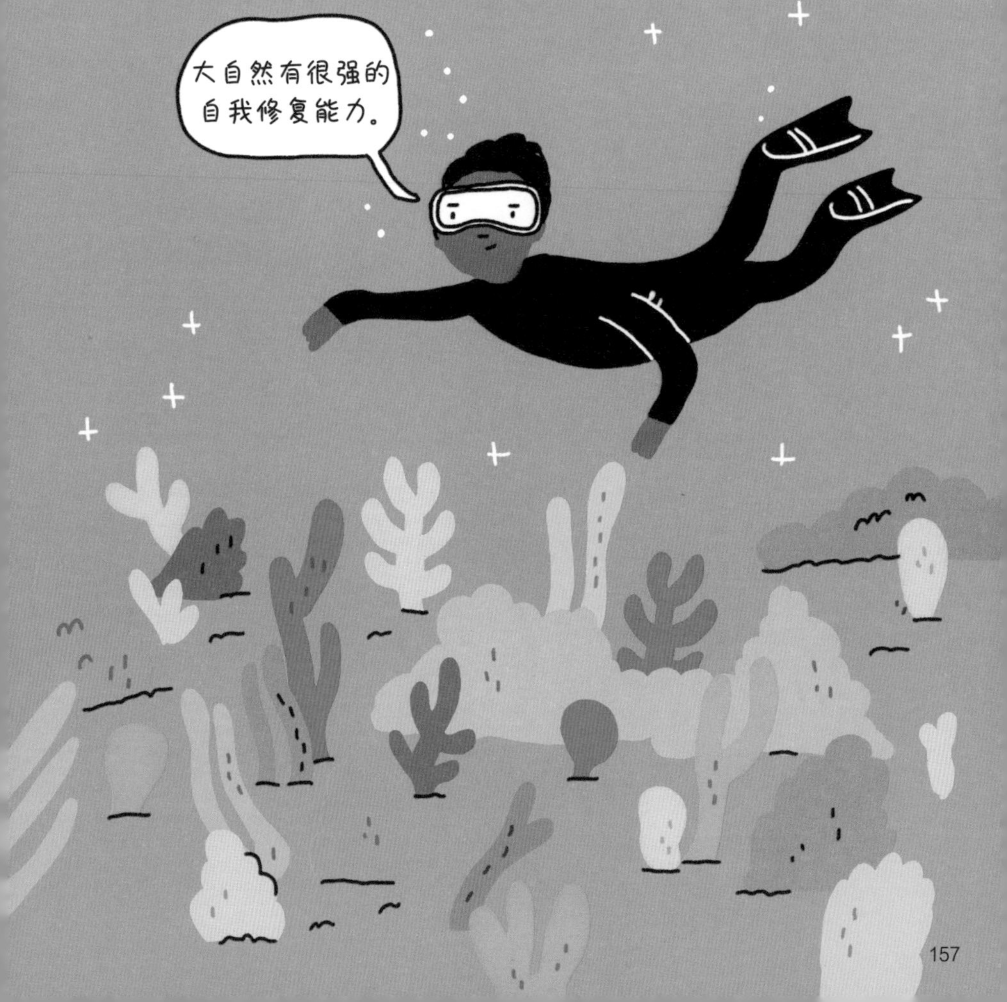

公鸡！
咕嘎嘟嘚嘟！
你从哪里学的
公鸡叫？

新村毅博士研究公鸡。

公鸡

就是喜欢歇着。*

杂食性动物（它们吃昆虫和种子）
它们会飞，但飞不远，而且只能飞几秒。
地球上的鸟类当中，鸡是数量最庞大的物种。

所以我当时意识到不是在讲马，
而是在讲蜥蜴。
没事，你可以
在这里逛一逛。
母鸡
公鸡
小鸡

公鸡是雄性的鸡。

* roost 意为“栖息”，与 rooster（公鸡）同源。

世界各地都有鸡（除了南极洲）。

在鸡栖息的所有地方，公鸡每天黎明前都要打鸣。

它们用打鸣的方式标记领地——地位最高的公鸡最先打鸣，
宣示领地内的一切都属于它。

上面这里是我的地盘！

新村毅博士很想知道公鸡
是怎么知道什么时候是早晨的。
12:04

公鸡根据什么判断到点该起床打鸣了呢?
喔喔喔!
我宣布这一片是我的!
越来越暖和了,该起床了。
天色渐亮,该起床了。
我休息好了!该起床了。
我找到一个闹钟,该起床了。

公鸡看见亮着的灯的时候也会打鸣。

公鸡早上打鸣是因为它们看见太阳这个“大灯泡”了吗？

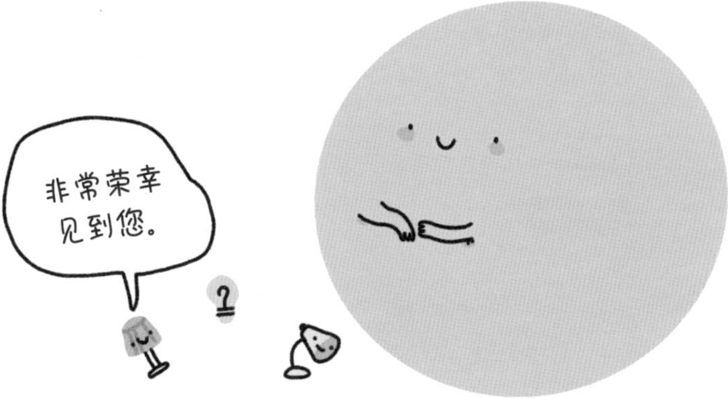

如果它们看不见太阳，还会知道什么时候是早晨吗？

新村毅博士把公鸡
放在没有自然光线的
室内进行观察。

科研人员没有按照太阳升起的时间
每隔约 24 小时开灯，而是制定了一个
开灯时间随机的表格。

公鸡会适应这个时间表，
然后在每次灯亮之前打鸣。

就算没有太阳，它们也能在正确的时间起床，
完成一些重要的事情。

我们仍然不知道公鸡具体是怎么做到在天亮之前醒来的，
但新村毅博士的研究让我们对它们多了一点了解。

幸亏
我买了
这些。

尼古拉斯·蒂茨博士研究南极蠓。

南极蠓

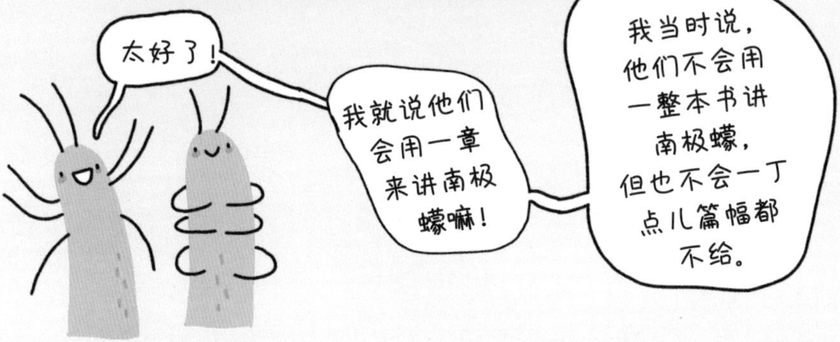
太好了！
我就说他们会用一章来讲南极蠓嘛！
我当时说，他们不会用一整本书讲南极蠓，但也不会一丁点儿篇幅都不给。

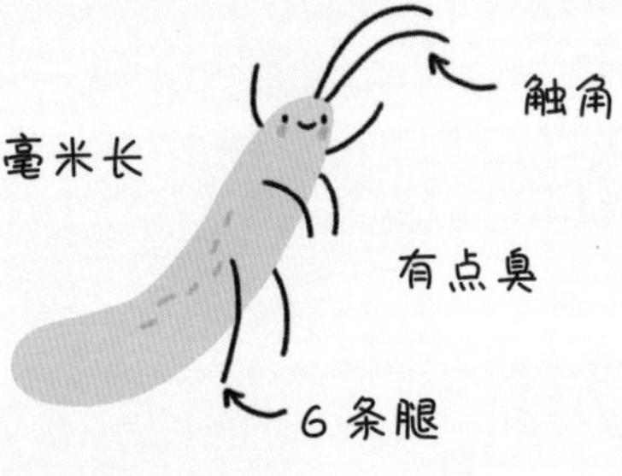
触角
2—6 毫米长
有点臭
6 条腿

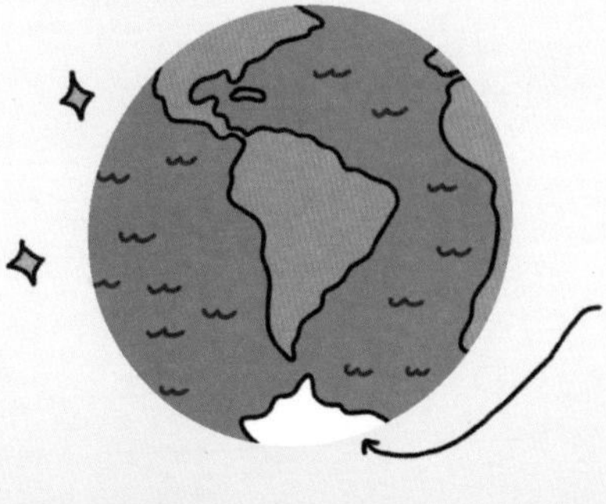

南极蠓生活在南极洲，这里的温度可以达到 -10℃至 -60℃。

夏天，这里会有 24 小时都是白天的极昼现象，而到了冬天，可以一天都没有太阳。

蒂茨博士的团队会在夏天前往南极洲，
收集用以研究的南极蠓样本。
他们先乘坐飞机到智利，然后乘船穿越德雷克海峡。

海上的浪实在太大了，所以船上的家具都是钉在地板上的。

有些科学家会晕船。

经过三四天的航行，他们会到达帕尔默站。

来自世界各地的科学家会在这里待一段时间，
研究风、鲸鱼、气候、冰川……

蒂茨博士和他的团队每天会去不同的小岛，
寻找南极螈和南极螈幼虫。

他们主要找
南极螈幼虫，
因为幼虫比较好找，
易于收集。

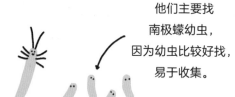

南极蠓是南极洲唯一的昆虫种类，
也是南极洲最大的陆生动物。

噢，这些
旧物件吗？
唯一的
昆虫
最大的
陆生动物

这里体形更大的动物，
比如企鹅和鲸，需要借助海水保持温暖。

蒂茨博士正在研究
这种体形极小的昆虫

令人惊愕！

是如何在 1 年里有 8 个
月都保持冰冻状态的。

收集南极蠓幼虫要用到的全部工具：

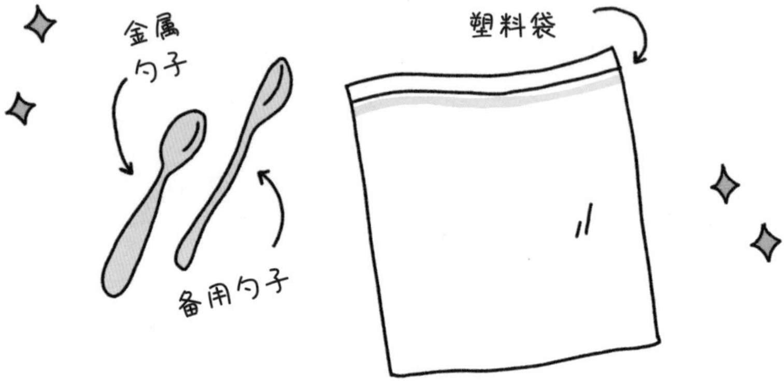

（研究团队以前用科考站厨房里的勺子，
但被其他人制止了，现在他们会自带勺子。）

研究人员在寻找南极蠓幼虫的时候，
附近的企鹅会大喊着向彼此介绍自己。

如果他们找到了
一只南极蠓成虫，
就会用一种叫作
“吸虫管”的吸管
一样的东西把它吸走。

有时候，南极洲会很吵闹。
企鹅总是在喊叫，还有象海豹在打嗝。

也有时候，这里非常安静。

尼古拉斯一直很热爱动物。
小时候，他最喜欢的动物是猎豹。

在他把当地图书馆所有讲猎豹的
书都读完之后，

他妈妈开车带他
去其他图书馆找更多
关于猎豹的资料。

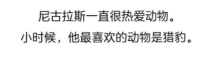

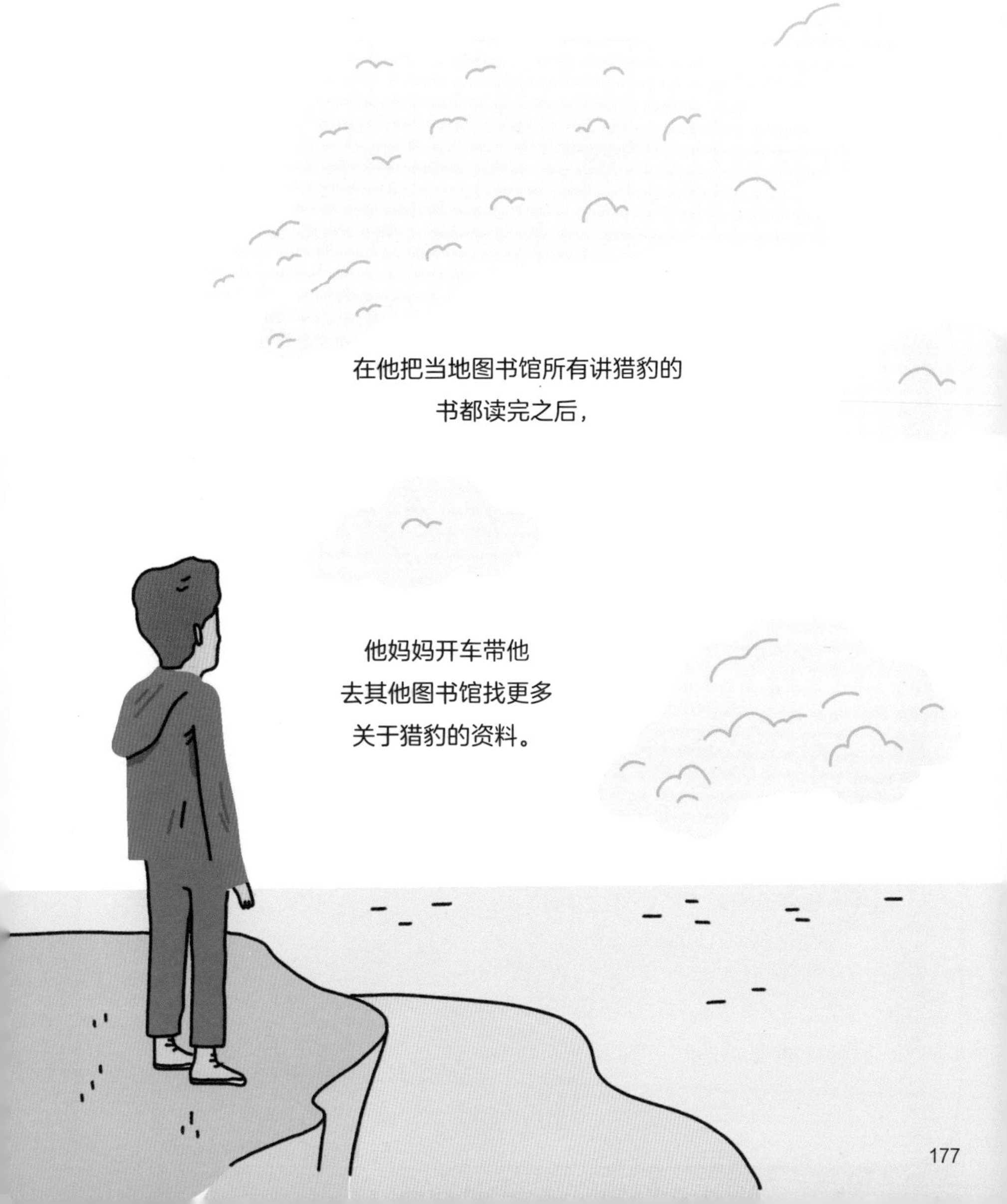

南极蠓冰冻指南

1 在分子层面打开和关上你身体里的一些开关，改变你细胞运作的方式（这是科学家有最多疑问的部分）。

2 失去你身体里一半的水分，像个葡萄干一样缩起来。

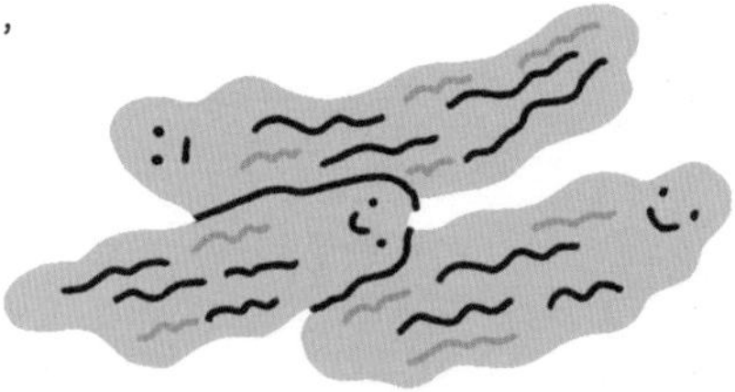

3 等待。

4 等春天到来，冰雪融化之时，吸收水分，开始扭来扭去。

收集到足够多的南极蠓幼虫后，
科学家就把它们和冰块装在一起保持低温，
然后把它们放到船上，带回肯塔基州的实验室去研究。

我拿好
护照了！

我们人类可能永远也无法做到每个冬天把自己冰冻起来，
但是研究南极蠓的冰冻过程，有助于我们更好地保存用于移植的器官。

而且南极蠓
本身就很酷。
我管我们叫
“南极猎豹”。
但别人都不
这么叫。

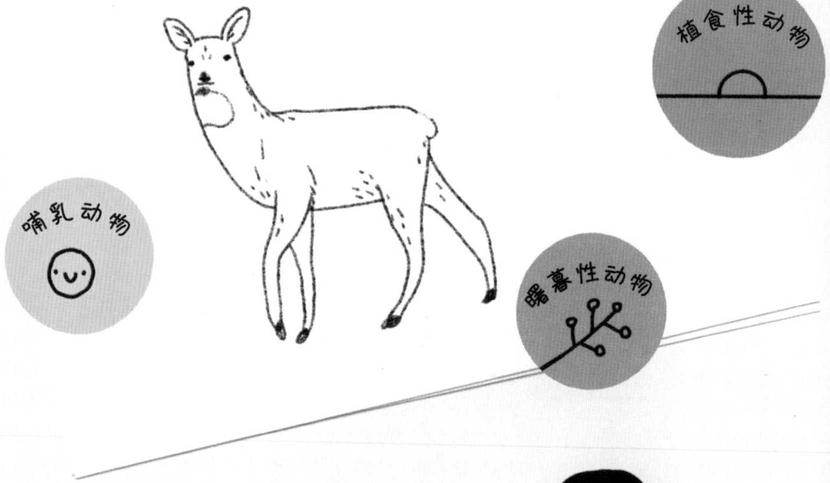

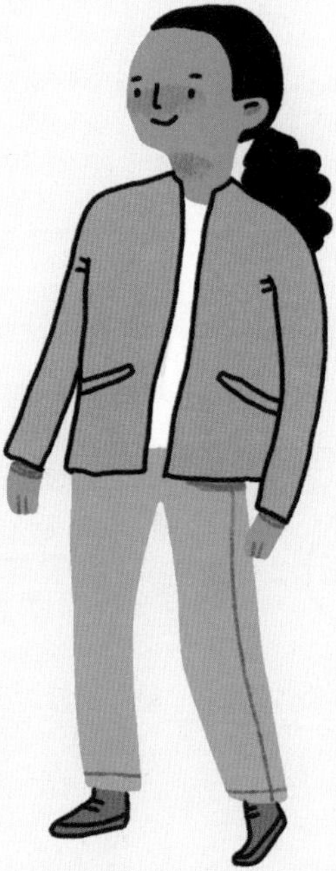

里安农·柯顿研究白尾鹿。

白尾鹿

体重

50—136 千克

牙齿

鹿角

白尾鹿是曙暮性动物，

意思是它们在黎明和黄昏时段最为活跃。

它们在白天和夜里睡觉、休息。

逃离捕食者时，
它们会把白尾巴竖得高高的。

它们轻盈的白尾巴使它们在逃跑时看起来速度很快，
因此捕食者会决定放弃，不再追逐。
它们跑起来的速度能达到每小时 48 千米。

郊狼、灰狼、美洲狮和短尾猫曾经是白尾鹿的主要天敌。

里安农一直很喜欢动物，也热爱户外。
小时候，她需要写一篇关于狼的作文。

她打电话给当地的野生动物园，
询问自己能否去研究他们的狼，
对方说可以。

她妈妈开车带她到了那个动物保护区。
她们在一个笼子屋里住了 3 天，观察被救回来的狼，
好让里安农写作文。

她甚至还给狼喂了食。

里安农在作文里写道，狼在童话故事里很可怕，
但当你对它们有更深的了解后会发现，它们其实没那么可怕。

如今，她作为哺乳动物学家，
帮助人们更加了解哺乳动物。

里安农在加拿大研究白尾鹿。
由于人类将鹿的天敌（除了人类自己）
都捕杀得濒临灭绝了，
鹿的数量已经过剩。

她通过记录白尾鹿的行踪来了解
它们的数量和栖息地。

里安农和团队成员发现了
白尾鹿在狩猎季节自我保护的一些方法。
每年，许多鹿群都会前往禁止狩猎的地方。

而且它们会等到日落以后赶路，
太阳下山之前不会行动。

尽管现在鹿的数量过剩，对于科学家而言，
了解鹿和它们的栖息地仍然很重要……

尤其是因为我们对鹿还知之甚少。

等等，咱们有
“挖螺器”？！
我觉得
这叫勺子。
嗯。
你们可以
小声一点吗？

钱特尔·杰克逊是
研究濒危有袋类动物的
生态学家。

有袋类动物

以及
一只老鼠

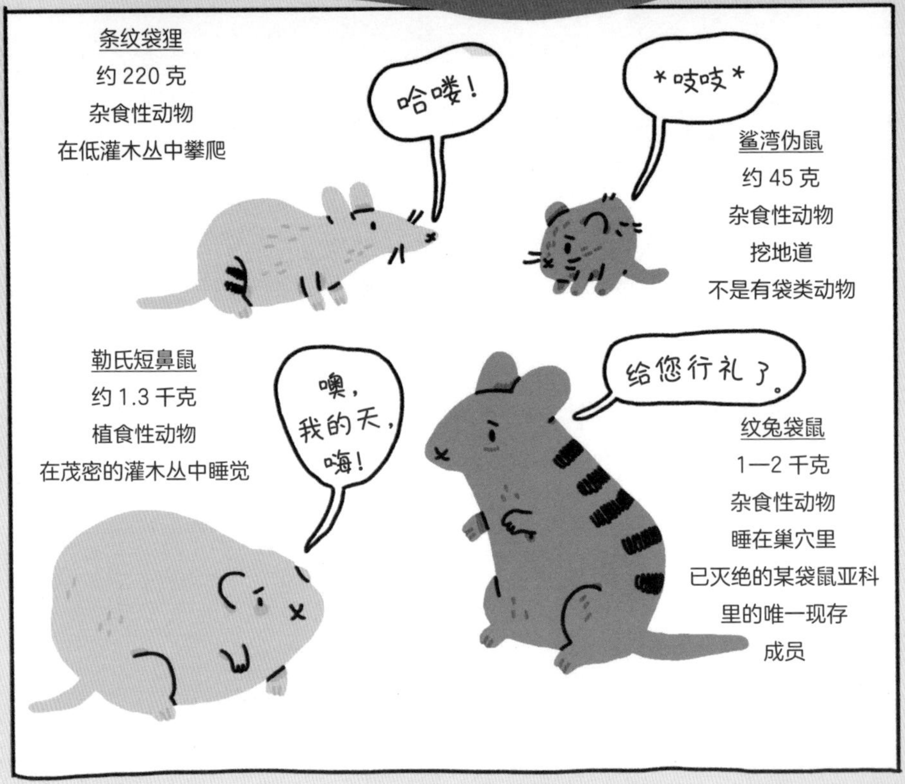

这 4 种动物都是夜行性动物，它们吃各种各样的东西，
包括花朵、蘑菇、青苔、叶子、草、昆虫，以及其他小生物。

这 4 种动物（以及许多其他动物）都曾栖息在澳大利亚，
直到生存受到野猫的威胁。

当大批欧洲人移居到澳大利亚时，
他们带了猫这种毛茸茸的家养捕食者。

它们不会出现在这章里，对吗？它们不在这儿，对吧？

这些动物很快开始以当地的
哺乳动物和鸟类为食。

澳大利亚 87% 的哺乳动物是本土特有物种。
所以，如果它们在这片土地上灭绝，就永远消失了。

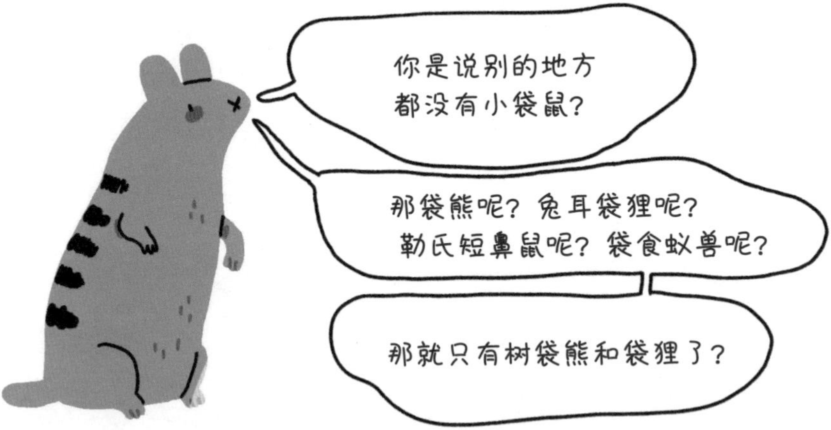
你是说别的地方都没有小袋鼠？
那袋熊呢？兔耳袋狸呢？勒氏短鼻鼠呢？袋食蚁兽呢？
那就只有树袋熊和袋狸了？

这些小型哺乳动物是
生态系统的一环，
它们吃本地的植物，
挖隧道也有助于土质改善。

很高兴看到你们喜欢这些隧道。

科学家曾试图追踪猫的数量……

或者把当地的哺乳动物
带到新的地方。

建围栏……
用我来建吧！

如今，这个国家的野猫实在太多了，
导致许多当地物种都灭绝了，
而且将剩下的物种完全保护好也几乎是不可能的。

要不训练
我们搏斗吧？
听上去
挺有意思。
我想到
一个办法，
做一个
防猫背心！

钱特尔在福尔岛上工作，
这块栖息地上没有这些哺乳动物
的天敌。

研究人员把这片区域的所有猫和狐狸都带走了，
然后带来了今天生活在这里的 4 个物种。

这只蝙蝠本来就生活在这里，所以它
是福尔岛上的第 5 种哺乳动物。

在这个岛的附近海域，
科学家能看到各种动物。

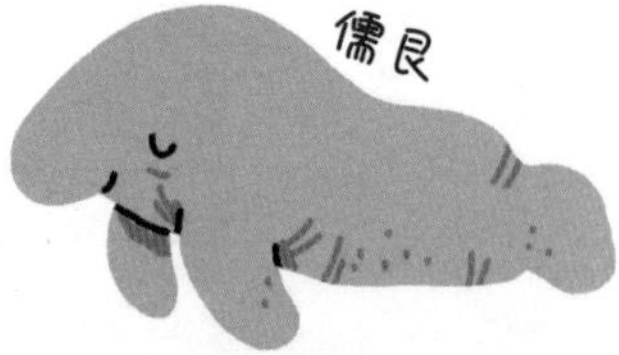

要到达福尔岛，钱特尔得坐一架小飞机飞 9 分钟，
或者坐 1 小时的船。

岛上只有一间房子，供研究人员储存器材。

它叫作“农庄”。

其余还有一些植物和动物。

钱特尔的工作是汇报岛上动物的情况。
她在夜晚动物活跃的时候工作，
并且通过这些方式估算动物的数量：

寻找粪便，
然后记笔记……

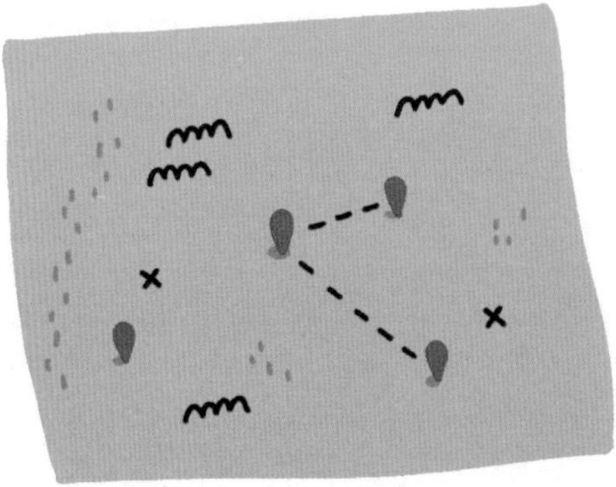

设陷阱捕捉动物，观察它们，
然后再把它们放了……

详细记录它们的行动轨迹。

没有了入侵的天敌，再加上充足的空间供它们进食、藏身、睡觉，这些动物可以像从前那样生活。福尔岛上有成千上万的勒氏短鼻鼠。

如果农庄的门没关，它们会偷偷溜进去。

如果钱特尔晚上把手电筒关了，
她就能听见勒氏短鼻鼠窸窸窣窣爬过来的声音。

等她再把手电筒打开时，

就会看到脚边有 5 只勒氏短鼻鼠。

等一下，这是结尾了吗？
不，这只是一个开头！
没错！
开头？开头难道不是这本书的另一头吗？
如果你喜欢动物的话，这就是开始！
你可以像伊琳·麦克吉博士一样提出疑问。
你可以像尼古拉斯·蒂茨博士一样通过读书来学习动物知识。
你现在就在读一本书。

最重要的是，你可以遵循科琳娜·纽瑟姆的建议：当你觉得什么动物很酷的时候，给别人也讲讲！
绒啄木鸟
呃嗯。
这听起来像是结尾，你好像在做总结。
好吧，你说对了，这就是结尾。

术语词汇表

细菌

一般是单细胞生物。人类和动物携带着数以百万计的细菌。大多数细菌对我们有益，但有些细菌会导致疾病，损害健康。

伪装

伪装是指动物通过融入身边环境的方式来隐藏自己。例如，一只白色的北极熊在它的栖息地——白雪皑皑的北极——就能很好地实现伪装。

食肉动物

以肉类食物为主的动物。老虎、虎鲸和灵猫都是食肉动物。

气候变化

地球温度和大气的变化被称为气候变化。纵观地球的历史，气候已经发生改变，但是科学家们已经注意到，如今世界各地的气温比以前升得更高、更快，而燃烧化石燃料（如汽油）等人类活动是一部分主要原因。尽管有些地方的气温只高了几摄氏度，但对许多动植物来说，这已经是一个巨变。

脱氧核糖核酸

DNA是脱氧核糖核酸（deoxyribonucleic acid）的缩写，它是一个包含各种遗传信息的微小分子。DNA有点像生物的配方：它决定一个动物的眼睛可能是什么颜色，或者它的毛发或皮毛会长成什么样。

栖息地

野外可以发现某种动物或植物的地方。

植食性动物
只吃植物的动物。大象是植食性动物。

无脊椎动物
没有脊椎的动物。

岩浆
地壳之下和地壳内部的热液体。岩浆喷出地表后，则被称为“熔岩”。

哺乳动物
哺乳动物全身覆盖着毛发，用乳汁喂养幼崽。哺乳动物有3块中耳骨。最大的哺乳动物是蓝鲸，最小的哺乳动物是小臭鼩和凹脸蝠。

哺乳动物学家
研究和观察……你猜对了——研究和观察哺乳动物的科学家。

分子
由原子（差不多是世界上最小的东西）组成的微观粒子。如果某种东西是“分子的”（molecular），那就是与分子（molecule）有关系。

夜行性动物
夜行性动物在夜间行动，白天休息。

杂食性动物
既吃植物又吃肉类（也可能是昆虫）的动物。灰熊和刺猬是杂食性动物。人类也是杂食性动物。

寄生生物
从另一种生物那里获取食物或营养的生物，通常是通过附着在另一种生物身上的方式。被寄生生物寄生的生物叫作“宿主”。

物种
一群相同的植物或动物组成的单元。鞘翅目下有35万个不同的物种，但所有的人类都是一个物种（智人种）。

湿地
潮湿、泥泞、松软的沼泽地带。

图书在版编目（CIP）数据

猫鼬如何订比萨 /（美）布鲁克·巴克著 ；刘畅译
. -- 杭州 ：浙江教育出版社，2023.8
ISBN 978-7-5722-6053-7

Ⅰ. ①猫… Ⅱ. ①布… ②刘… Ⅲ. ①动物－少儿读
物 Ⅳ. ①Q95-49

中国国家版本馆CIP数据核字(2023)第121409号

HOW DO MEERKATS ORDER PIZZA? by BROOKE BARKER
Copyright ©2022 by Brooke Barker
This edition arranged with The Marsh Agency Ltd & Aragi Inc. through BIG APPLE AGENCY, LABUAN, MALAYSIA.
Simplified Chinese edition copyright © 2023 United Sky (Beijing) New Media Co., Ltd
All rights reserved.

浙江省版权局著作权合同登记号 图字：11-2023-227号

猫鼬如何订比萨

MAOYOU RUHE DING BISA

〔美〕布鲁克·巴克（Brooke Barker）著
刘畅 译

选题策划	联合天际·文艺生活工作室
特约编辑	张雅洁　宫　璇
责任编辑	赵清刚
美术编辑	韩　波
封面设计	孙晓彤
责任校对	马立改
责任印务	时小娟

出　版	浙江教育出版社 杭州市天目山路 40 号 邮编：310013 电话：(0571) 85170300-80928
发　行	未读（天津）文化传媒有限公司
印　刷	北京雅图新世纪印刷科技有限公司
字　数	130千字
开　本	787毫米×1230毫米　1/32
印　张	6.5
版　次	2023年8月第1版　2023年8月第1次印刷
I S B N	978-7-5722-6053-7
审 图 号	GS 京（2023）0769 号
定　价	58.00元

关注未读好书

客服咨询

本书中地图相关插图系外文版原文插图。
本书若有质量问题， 请与本公司图书销售中心联系调换，电话：(010) 5243 5752。